図でよくわかる
電子回路

篠田庄司 監修
田丸雅夫 編
藤川　孝

コロナ社

監　修
　中央大学名誉教授　工学博士　篠　田　庄　司

編　者
　田　丸　雅　夫　　藤　川　　　孝

執　筆
　木　村　圭一郎　　鈴　木　直　樹　　水　野　恵　介

まえがき

　本書は，はじめて電子回路について学ぶ方および基本に戻って再び学習される方を対象に，基礎的な内容の理解を深めていただくために書かれたものである。

　本書では，トランジスタやダイオードなどの個別部品の働きから電子回路の動作を理解することが大切であると考え，個別部品による回路を基本の電子回路とし，また実験で自ら確かめられるように，できる限り原理的な回路を扱っている。そのため，実用化されている回路とは少し離れていることもあるが，回路動作を理解する上で基本となる回路を具体例として取り上げている。

　そのほか，本書では下記の点について特に留意した。

（1）　内容を精選し，わかりやすい平易な説明をした。

（2）　図，写真を豊富に使い，理解を深めるようにした。

（3）　実験，実習などで活用することを考慮し，実際に設計・製作した回路を用いて解説した。

（4）　学習上，重要な数式については，色付きの網掛けで強調した。

（5）　重要な専門用語は太字にして強調するとともに，技術の国際化を考慮し，対応する英語を側注に示した。

（6）　学習の理解を確かなものにするため，「例題」や「問」を適所に設けた。

（7）　章のはじめに「学習の流れ」を掲げ，その章で学ぶ内容の概略を示した。

（8）　章末には「学習のポイント」を設け，その章で学んだ要点を整理してまとめた。

（9）　専門用語と図記号は，原則として文部科学省編「学術用語集 電気工学編」およびJISに従い，単位は国際単位系（SI）を用いた。

（10）　単位の表し方はつぎのようにした。

　　・数字だけの値に単位を付けて示す場合は，単位に〔　〕を付けない。

　　　（例：5 A，100 V）

　　・数字以外の記号を含む値に単位を付けて示す場合は，単位に〔　〕を付ける。ただし，2×10^4の×は数値の桁数表示の記号なので，数字だけの表現とみなす。

　　　（例：V〔V〕，I〔A〕，2×10^{-3} A）

（11）　計算値や実験値は近似値でも原則として"＝"を用いて表した。

(12) 電圧や電流の表示記号の使い方は，原則として目次の後の p.viii のようにした。

　本書の内容については，飯田操氏，倉本健一氏，小松慶伸氏，佐武哲也氏，白川賢一氏，徳永浩三氏，内藤正巳氏，西山浩介氏，矢野尚氏の皆さんから，貴重なご意見をいただいた。お礼を申し上げる。

　本書を活用して，多くの方が電子回路の基礎をマスターされ，さらに電気系の国家試験や資格試験を目指す皆さんにも有効に活用いただければ幸いです。

2015 年 10 月

著　　者

目次

「電子回路」で学ぶこと ……… 1

1章 電子回路素子

1.1 半導体
1 半導体材料 ……… 5
2 半導体の種類 ……… 6
3 半導体の性質 ……… 8

1.2 ダイオード
1 構造と働き ……… 10
2 特性と定格 ……… 11
3 その他のダイオード ……… 14

1.3 トランジスタ
1 構造と働き ……… 18
2 特性と定格 ……… 20

1.4 電界効果トランジスタ
1 構造と働き ……… 25
2 特性と定格 ……… 27
3 絶縁ゲート形（MOS形）FET ……… 30

1.5 集積回路
1 集積回路の特徴と分類 ……… 33
2 ディジタルICの動作 ……… 35

学習のポイント ……… 37　章末問題 ……… 38

2章 増幅回路の基礎

2.1 簡単な増幅回路
1 増幅のしくみ ……… 43
2 増幅回路の構成 ……… 45

2.2 増幅回路の動作
1 バイアスの求め方 ……… 50
2 増幅度の求め方 ……… 55

2.3 トランジスタの等価回路とその利用
1 トランジスタの等価回路 ……… 63
2 等価回路による特性の求め方 ……… 68

2.4 バイアス回路
1. バイアスの変化 ……… 75
2. 安定化したバイアス回路 ……… 77

2.5 増幅回路の特性変化
1. 増幅度の変化 ……… 83
2. 出力波形のひずみ ……… 88

学習のポイント ……… 91　　章末問題 ……… 93

3章　いろいろな増幅回路

3.1 負帰還増幅回路
1. 負帰還増幅回路の動作と特徴 ……… 97
2. エミッタ抵抗による負帰還 ……… 100
3. 2段増幅回路の負帰還 ……… 104

3.2 エミッタホロワ
1. 回路の動作 ……… 108
2. 増幅度 ……… 109
3. 入出力インピーダンス ……… 109
4. コレクタ接地増幅回路 ……… 112

3.3 直接結合増幅回路
1. 回路の動作 ……… 113
2. 増幅度 ……… 114

学習のポイント ……… 115　　章末問題 ……… 116

4章　演算増幅器

4.1 トランジスタによる差動増幅回路
1. 回路の動作 ……… 119
2. バイアスと増幅度 ……… 122
3. 差動増幅回路の特徴 ……… 124

4.2 演算増幅器
1. 演算増幅器の動作 ……… 125
2. 反転増幅回路としての利用 ……… 127
3. 非反転増幅回路としての利用 ……… 128
4. 実際の演算増幅器 ……… 128
5. 比較回路 ……… 131

学習のポイント ……… 133　　章末問題 ……… 134

5章 電力増幅・高周波増幅回路

5.1 A級シングル電力増幅回路
1. 回路の動作 ……… 137
2. RC結合回路との比較 ……… 140
3. 特性 ……… 142
4. トランジスタの最大定格 ……… 144

5.2 B級プッシュプル電力増幅回路
1. 回路の動作 ……… 146
2. 特性 ……… 150
3. クロスオーバひずみ ……… 152
4. 出力トランジスタの最大定格 ……… 153

5.3 高周波増幅回路
1. 回路の働きと特性 ……… 156
2. 実際の高周波増幅回路 ……… 159

学習のポイント ……… 161　　章末問題 ……… 162

6章 電力増幅回路の設計

6.1 設計回路と設計仕様
……… 165

6.2 設計手順
……… 166

6.3 特性測定
……… 172

章末問題 ……… 172

7章 発振回路

7.1 発振
1. 発振の原理 ……… 175
2. 発振回路の分類 ……… 176

7.2 LC発振回路
1. 同調形発振回路 ……… 178
2. コルピッツ発振回路 ……… 180
3. ハートレー発振回路 ……… 182

7.3 水晶発振回路
1. 水晶振動子 ……… 184
2. LC 発振回路への利用 ……… 185

7.4 RC 発振回路
……… 188

7.5 VCO と PLL 発振回路
1. VCO ……… 190
2. PLL 発振回路 ……… 193

学習のポイント ……… 197　**章末問題** ……… 198

8章　パルス回路

8.1 方形パルスの発生
1. 非安定マルチバイブレータ ……… 201
2. ディジタル IC を用いた非安定マルチバイブレータ ……… 205

8.2 いろいろなパルス回路
1. 微分回路と積分回路 ……… 209
2. 波形整形回路 ……… 212

学習のポイント ……… 217　**章末問題** ……… 218

9章　変調・復調回路

9.1 変調と復調
1. 変調, 復調の役割 ……… 221
2. 変調の種類 ……… 222

9.2 振幅変調・復調回路
1. 振幅変調の特徴 ……… 225
2. 振幅変調回路 ……… 228
3. 振幅復調回路 ……… 230

9.3 周波数変調・復調回路
1. 周波数変調の特徴 ……… 233
2. 周波数変調回路 ……… 235
3. 周波数復調回路 ……… 236

学習のポイント ……… 238　**章末問題** ……… 240

10章　直流電源回路

10.1 整流回路
1　いろいろな整流回路 ……… 243
2　半波整流回路 ……… 243
3　全波整流回路 ……… 244
4　電源回路の特性 ……… 245

10.2 安定化直流電源回路
1　定電圧ダイオードによる電圧の安定化 ……… 247
2　トランジスタと定電圧ダイオードによる回路 ……… 249

10.3 電圧制御用 IC を利用した回路
1　三端子レギュレータ ……… 251
2　三端子レギュレータから取り出せる電流 ……… 252
3　三端子レギュレータの使い方 ……… 252
4　三端子レギュレータを使用した定電圧回路 ……… 253

10.4 スイッチ形安定化電源回路
1　シリーズレギュレータとスイッチングレギュレータ ……… 255
2　スイッチング IC を用いた昇圧電源回路 ……… 257

学習のポイント ……… 259　　章末問題 ……… 260

付　録 ……… 261
1　抵抗器の表示記号 ……… 261
2　抵抗器の標準数列 ……… 262
3　半導体デバイスの命名法 ……… 262
4　ダイオードの規格表 ……… 263
5　FET の規格表 ……… 263
6　トランジスタの規格表 ……… 264
7　トランジスタの特性 ……… 264
8　汎用ロジック IC のおもな規格 ……… 266

問題の解答 ……… 267
索　引 ……… 272

電圧・電流の表示記号について

本書では，トランジスタのE（エミッタ），B（ベース），C（コレクタ）にかかわる電圧・電流の表示記号は，原則としてつぎのような用い方をしている。

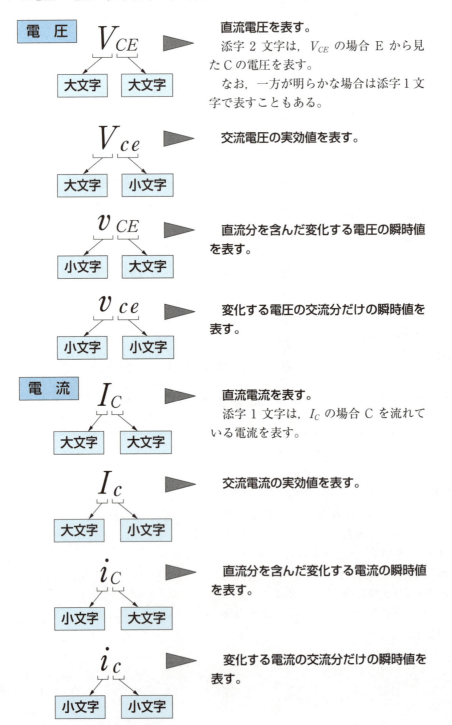

V_{CE}（大文字・大文字）▶ 直流電圧を表す。
添字2文字は，V_{CE}の場合Eから見たCの電圧を表す。
なお，一方が明らかな場合は添字1文字で表すこともある。

V_{ce}（大文字・小文字）▶ 交流電圧の実効値を表す。

v_{CE}（小文字・大文字）▶ 直流分を含んだ変化する電圧の瞬時値を表す。

v_{ce}（小文字・小文字）▶ 変化する電圧の交流分だけの瞬時値を表す。

I_C（大文字・大文字）▶ 直流電流を表す。
添字1文字は，I_Cの場合Cを流れている電流を表す。

I_c（大文字・小文字）▶ 交流電流の実効値を表す。

i_C（小文字・大文字）▶ 直流分を含んだ変化する電流の瞬時値を表す。

i_c（小文字・小文字）▶ 変化する電流の交流分だけの瞬時値を表す。

「電子回路」で学ぶこと

1 電子回路の利用

現在，私たちの生活には電子回路を組み込んだ電子機器が欠かせないものとなっている。例えば，携帯電話で話をしたり，メールのやりとりをする（図1）。テレビを見て楽しんだり，それらの番組を録画する（図2）。オーディオシステムで音楽を鑑賞する（図3）。パソコンを使ってインターネットで調べものをする（図4）。

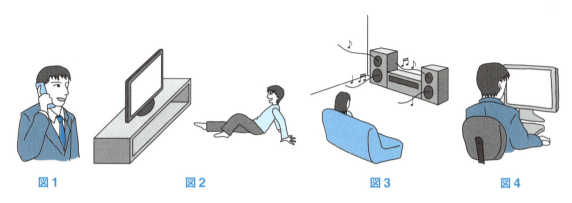

図1　　　　　図2　　　　　図3　　　　　図4

このように私たちは，生活の中でいろいろな電子機器を利用し生活を豊かにしている。これらの電子機器はさまざまな種類の電子回路が組み合わされて作られている。

つまり，電子回路は現代の社会を支える必要不可欠な技術であるといえ，特に音響・通信・情報分野の発展に大きくかかわってきた。また，電子回路は電気・電子分野に限らず，制御・機械工学など幅広い分野で活用されていて，産業界においても大切な技術となっている。

2 電子部品[†1]の進化

電子についての諸性質は，1900年前後からしだいに解明されてきた。20世紀に入ると，整流，発振，検波，増幅などを行うことができる真空管[†2]（図5）やトランジスタ[†3]（図6）が発明され，情報通信技術は飛躍的に進歩した。

真空管は，1904年に2極管，続いて3極管が発明されたが，消費電力が大きいことや寿命が短いなどの欠点があった。

1948年には半導体素子であるトランジスタが発明され，1960年代以降，安定して生産できるようになり安価になったため，ほとんどの分野において真空管に代わりトランジスタが使われるようになった。

[†1] 電子部品は能動素子と受動素子に分かれる。ここではおもに能動素子の発達について触れている。

[†2] 2極管はフレミングが発明（1904年）。
3極管はド・フォレストが発明（1906年）。

[†3] バーディーン，ブラッテン，ショックレーが発明。

「電子回路」で学ぶこと

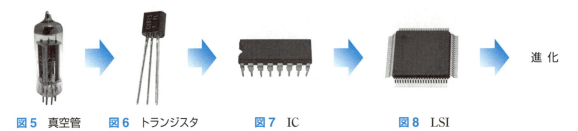

図5　真空管　　図6　トランジスタ　　図7　IC　　図8　LSI

†1 integrated circuit
　集積回路
†2 large scale integrated circuit
　大規模集積回路

トランジスタはその後も集積度を高め，IC†1（図7）やLSI†2（図8）といった集積回路へと進化している。

トランジスタを使った装置や集積回路は，小形・軽量であること，故障がほとんどないこと，低消費電力であることなどの利点がある。そのため，持ち運びが可能な通信機器，計測器，自動制御装置，コンピュータなどから家庭用電化製品に至るまで，幅広い電気・電子機器に使用されている。

3 電子回路を学ぶにあたって

電子回路はトランジスタ，抵抗，コンデンサなどの電子回路素子を適切に組み合わせ，接続して作られている。それによりいろいろな電子機器の具体的な機能を実現している。現在ではトランジスタや抵抗などを単体で一つひとつ組み合わせて使うことは少なく，IC化されたものを使用することが多いが，ICを構成する内部回路はトランジスタ†3やダイオード†3といった電子回路素子である。したがって，電子回路を理解するには，これら基本的な電子回路素子の構造やしくみを学ぶことが大切である。

†3 1章で学ぶ。

一方，電子回路はその機能に応じて多種多様である。例えば，身近にあるオーディオシステムの場合，電子機器に電気エネルギーを供給するための電源回路†4，放送局の電波から音声信号を取り出すための復調回路†5，音声などの信号を増幅させるための小信号増幅回路†6，スピーカから音を出すための電力増幅回路†7など，たくさんの種類の電子回路から成り立っている。

†4 10章で学ぶ。
†5 9章で学ぶ。
†6 2章で学ぶ。
†7 5章で学ぶ。

そのため，これら多様な電子回路の機能を実現するためには，電子部品の性質やその組み合わせ方についての豊富な知識が必要となる。そして，それらの知識は，たくさんの回路図を読むことや，設計した回路を実際に製作し，動作を確認することで身に付いていくものである。

本書に掲載した回路は，その多くは実際に製作し，回路の動作を確認したものである。学習する際，これらの回路を上手に活用することで，目的に合った電子回路を設計する力や，回路図から回路の働きを推察する力を身に付けることができると考えている。

1章

電子回路素子

コンピュータやテレビジョンなどの電子機器は，半導体を材料とした数多くの素子からできている。本章では，そこで使われている素子の代表であるダイオードやトランジスタの構造や性質，さらに基本となる回路について学ぶ。

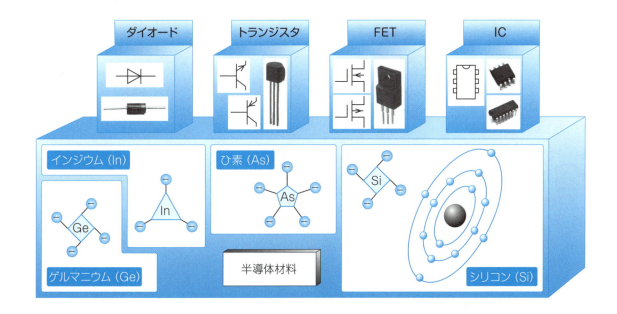

1章 電子回路素子

学習の流れ

1.1 半導体
（1） 半導体の代表的な材料 ⇨ シリコン（Si）やゲルマニウム（Ge）
（2） 半導体の種類

```
半導体 ─┬─ 真性半導体
        └─ 不純物半導体 ─┬─ n形半導体
                         └─ p形半導体
```

（3） 半導体の性質 ⇨ 抵抗率，抵抗温度係数，pn接合
　　　　　　　　　　　キャリヤのふるまい（拡散，ドリフト）

pn接合

1.2 ダイオード
（1） 構　造 ⇨ pn接合
（2） 働　き ⇨ 整流作用
（3） 特　性 ⇨ 順方向特性，逆方向特性，最大定格
（4） その他のダイオード ⇨ 定電圧ダイオード，発光ダイオードなど

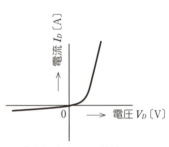

ダイオードの V-I 特性

1.3 トランジスタ
（1） 構造・種類 ⇨ npn形，pnp形
（2） 働　き ⇨ 増幅作用，スイッチング作用
（3） 使い方・動作原理
（4） 特　性 ⇨ 静特性，最大定格，h パラメータなど
（5） 簡単なトランジスタ回路の電圧・電流計算

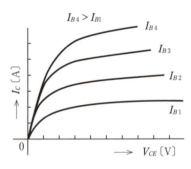

トランジスタの V_{CE}-I_C 特性

1.4 電界効果トランジスタ（FET）
（1） 構造・種類 ⇨ nチャネル形，pチャネル形

```
FET ─┬─ 接合形
     └─ MOS形 ─┬─ エンハンスメント形
                └─ デプレション形
```

（2） 働　き ⇨ 増幅作用，スイッチング作用
（3） 使い方・動作原理
（4） 特　性 ⇨ 静特性，相互コンダクタンス，最大定格など

1.5 集積回路（IC）
（1） 特徴と分類
（2） ディジタルICの動作
　　TTLとC-MOS，ディジタルICの電圧レベル・電流レベル

1.1 半導体

半導体は，電子回路で用いられるダイオードやトランジスタなどの材料となる物質で，その電気的性質を学ぶためには，まず物質の構造を正しく理解することが重要となる。ここでは，半導体の構造や性質，電流の流れ方について学ぶ。

1 半導体材料

半導体[†1]となる物質は，**シリコン**[†2]（Si）や**ゲルマニウム**[†3]（Ge）である。これらにはつぎのような特徴がある。

① 図 1.1 のように，常温で**導体**[†4]と**絶縁体**[†5]の中間の**抵抗率**[†6]を持つ。

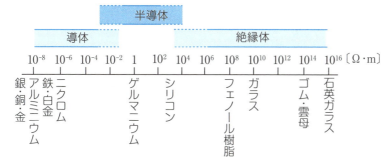

図 1.1 物質の抵抗率

② 図 1.2 のように，**抵抗**[†7]の温度係数が負である。

図 1.2 は，温度が上昇すると，半導体の抵抗値が小さくなることを示している。抵抗値が小さくなると，半導体に流れる電流は大きくなり，**熱暴走**[†8]の原因となることから，一般的な電子回路では，熱対策がきわめて重要である。

問 1 半導体には，導体や絶縁体と比べてどのような特徴があるか示しなさい。

[†1] semiconductor
[†2] silicon
[†3] germanium
[†4] conductor
  電流が流れやすい物質。
[†5] insulator
  電流が流れにくい物質。
[†6] resistivity
  物質における電流の流れにくさを表した値。

[†7] resistance
  電流の流れにくさ。
[†8] thermal runaway

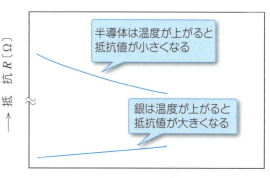

図 1.2 温度変化と物質の抵抗値

いう。

2 不純物半導体

真性半導体に不純物を混ぜることにより，**不純物半導体**[†1] が作られる。

（a） n形半導体

真性半導体 Si に価電子が 5 個のひ素（As）を微量に加えたものが **n 形半導体**[†2] である。n 形半導体は，図 1.5（a）のように価電子が 1 個余るので，自由電子が多い状態となる。この場合の不純物を**ドナー**[†3] という。

†1 impurity semi-conductor
†2 n-type semiconductor
†3 donor
　電子を与えるという意味がある。

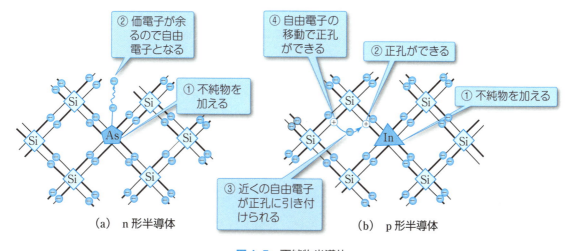

(a) n形半導体　　(b) p形半導体

図 1.5　不純物半導体

ドナーは価電子が 5 個の物質で，As のほかに，りん（P），アンチモン（Sb）などがある。n 形半導体では，自由電子が多く，正孔が少ない。すなわち，**多数キャリヤ**[†4] が自由電子，**少数キャリヤ**[†5] が正孔となる。

†4 majority carrier
†5 minority carrier

（b） p形半導体

真性半導体 Si に価電子が 3 個のインジウム（In）を微量に加えたものが **p 形半導体**[†6] である。p 形半導体は，図 1.5（b）のように価電子が 1 個不足するので，正孔が多い状態となる。この場合の不純物を**アクセプタ**[†7] という。

†6 p-type semiconductor
†7 acceptor
　電子を受け入れるという意味がある。

アクセプタは価電子が 3 個の物質で，In のほかに，ほう素（B），ガリウム（Ga）などがある。p 形半導体では，正孔が多く，自由電子が少ない。すなわち，多数キャリヤが正孔，少数キャリヤが自由電子となる。

問 2 n 形半導体や p 形半導体を作るには，真性半導体にどのような物質を混ぜればよいか答えなさい。

3 半導体の性質

1 ドリフト

図 1.6 のように，半導体に電界を加えると，自由電子と正孔は電界による力を受け，正孔は電界の向き，自由電子は電界と逆の向きに移動する。これにより，電界の向きすなわち電圧を加えた方向に電流が流れる。この現象は**ドリフト**[†1]といわれ，これによって流れる電流を**ドリフト電流**という。

[†1] drift

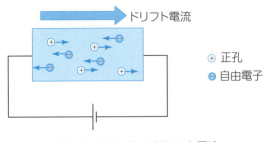

図 1.6 ドリフトとドリフト電流

2 拡 散

図 1.7（a）のように，拡散とは，例えば水の中に墨汁をたらした場合に，墨汁がしだいに広がって水と混じり合っていくような現象である。

半導体の場合についても，図（b）のように，キャリヤの濃度に差がある場合，濃度の高い部分から低い部分に向かってキャリヤの移動が起こ

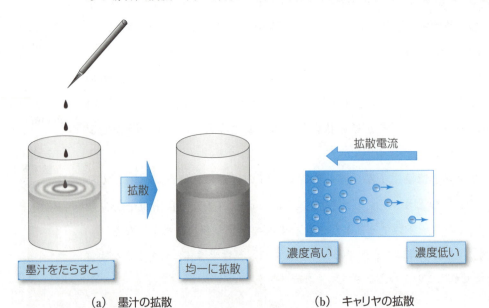

(a) 墨汁の拡散　　　　　　　　(b) キャリヤの拡散

図 1.7 拡散と拡散電流

る。この現象も**拡散**[†1]といい，拡散によりキャリヤが移動して，流れた電流を**拡散電流**という。拡散電流は，キャリヤの濃度差に比例して大きくなる。

†1 diffusion

3 pn接合

一つの半導体結晶の中で，p形半導体とn形半導体の領域が接している状態を**pn接合**[†2]という。**図1.8**（a）のように，pn接合面付近では，拡散により，p形半導体中の正孔はn形へ移動し，n形半導体中の自由電子はp形へ移動する。移動したそれぞれのキャリヤは，移動先では少数キャリヤとなるため，移動先の多数キャリヤと再結合してキャリヤは消滅する。そのため，図（b）のように，接合面ではキャリヤがほとんど存在しない領域ができる。これを**空乏層**[†3]という。

†2 pn junction

†3 depletion layer

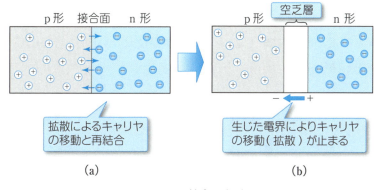

図1.8 pn接合と空乏層

なお，p形にある正孔がn形へ移動してしまうと，p形では電子が過剰となり，負の電荷が蓄えられる。同じように，n形には正の電荷が蓄えられる。これによって生じる電界の働きにより，キャリヤの移動が妨げられ，拡散は停止する。

空乏層には，絶縁体と同じように電流が流れにくく，コンデンサと同じように電荷を蓄える性質がある。

問 3 つぎの現象を説明しなさい。
（1） ドリフト　（2） 拡　散　（3） 空乏層

1.2 ダイオード

交流から直流を作り出す場合や，電流を一つの向きにだけ流れるようにしたい場合に用いられるのがダイオードである。ここでは，ダイオードを正しく使用するため，その構造や働き，特性，種類などについて学ぶ。

1 構造と働き

ダイオード[†1]は，図1.9（a）のように，pn接合のp形に**アノード**[†2]（A），n形に**カソード**[†3]（K）といわれる端子を付けた半導体素子で，**整流作用**[†4]を持つ。なお，ダイオードに電圧を加えたとき，電流の流れる向き（A→K）を**順方向**[†5]，ほとんど電流が流れない向き（K→A）を**逆方向**[†6]という。

†1 diode
†2 anode
†3 cathode
†4 rectification
　決まった方向だけに電流を流す働きをいい，交流を直流に変換する場合などに用いられる。
†5 forward direction
†6 reverse direction

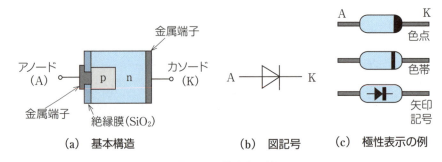

(a) 基本構造　　(b) 図記号　　(c) 極性表示の例

図1.9　ダイオード

図（b）に図記号，図（c）に商品化されたダイオードの極性表示の例を示す。

1 順方向の場合

図1.10（a）のように，p形に正，n形に負の電圧を加えると，空乏層を生じさせている電界とは反対の向きに電界が加わり，空乏層が消失する。これにより，接合面において多数キャリヤの移動が起き，電流が流れる。

このように，順方向に加えた電圧を**順方向電圧**[†7]または単に**順電圧**，順方向に流れる電流を**順方向電流**[†8]または単に**順電流**という。

†7 forward voltage
†8 forward current

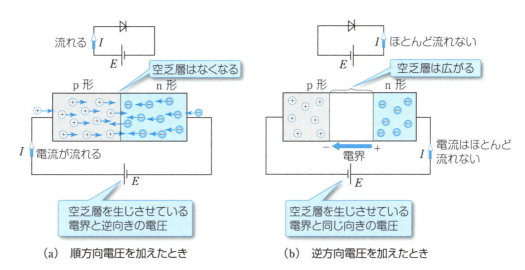

(a) 順方向電圧を加えたとき　　(b) 逆方向電圧を加えたとき

図 1.10　ダイオードの原理

2 逆方向の場合

図 1.10（b）のように，p 形に負，n 形に正の電圧を加えると，空乏層の幅が広がってしまい，多数キャリヤの移動ができず，ほとんど電流は流れない。ただし，少数キャリヤが移動するため，きわめて微少な電流[†1]は流れる。

†1 一般的に μA 単位の大きさ。

このように，逆方向に加えた電圧を**逆方向電圧**[†2] または単に**逆電圧**，逆方向に流れる電流を**逆方向電流**[†3] または単に**逆電流**という。

†2 reverse voltage

†3 reverse current

2 特性と定格

ダイオードの両端に加わる電圧と流れる電流にはつぎの関係がある。

1 順方向特性

図 1.11（a）の電圧-電流特性において，一定の値を超える順電圧（Si の場合，約 0.6 V 付近）が加わると，急激に順電流が流れ出す。ただし，定格を超える電流が流れると，ダイオードが焼損してしまうため注意が必要である。

2 逆方向特性

逆電圧を加えても，ほとんど逆電流は流れないが，さらに電圧を大きくしていくと，絶縁破壊のように電流が急激に流れ出す。これを**降伏現象**[†4] という。ただし，この場合も定格を超える電圧を加えると，ダイオードを焼損してしまうため注意が必要である。

†4 breakdown

これらの特性をもとにして，理想的なダイオードを考えてみれば

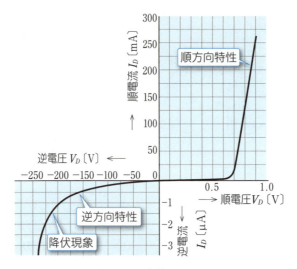

(a) 電圧-電流特性

項 目	記号	単位	値
直流逆電圧	V_R	V	200
平均整流電流	I_0	mA	300
許容損失	P	mW	500

(b) 最大定格

項目	記号	単位	値	条件
順電圧	V_F	V	最大 1	順電流 300 mA
逆電流	I_R	μA	最大 1.0	逆電圧 200 V

(c) 電気的特性

図1.11 ダイオードの順方向・逆方向特性

順方向の電流は∞，逆方向の電流は0

である。すなわち，つぎのように考えることができる。

「順方向の抵抗値は0，逆方向の抵抗値は∞」

問 4 理想的なダイオードの順方向・逆方向特性を図に表しなさい。

3 ダイオードの最大定格

†1 平均順方向電流の最大値。
†2 allowable power dissipation

ダイオードごとに，直流逆電圧 V_R，**平均整流電流**[†1] I_0，ダイオードが消費する電力すなわち**許容損失**[†2] P について，それぞれ上限値が定められている。これらの上限値のことを**最大定格**という。**図1.11**(b)にその例を示す。電子回路を設計する際には，これらの値を超えないように注意する。また，図(c)は加える電圧と流れる電流の代表的な値である。

問 5 代表的なダイオードの最大定格について調べなさい。

例題 1

図1.12(a)のように，抵抗を直列に接続してダイオードを動作させる回路について，回路に流れる電流 I_D，加わる電圧 V を求めなさい。

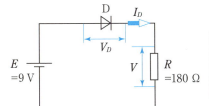
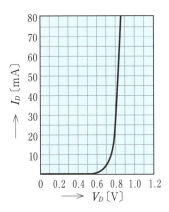

(a) ダイオードの動作回路　　(b) ダイオードDの電圧-電流特性

図1.12　ダイオードの動作回路と電圧-電流特性

解答　この回路の電圧・電流の関係はつぎの式で表すことができる。

$$E = V_D + V = V_D + RI_D \ [\text{V}] \tag{1.1}$$

したがって

$$I_D = \frac{E - V_D}{R} \ [\text{A}] \tag{1.2}$$

すなわち，この回路は抵抗 R の値により，ダイオードに流れる電流や加わる電圧が変化する。

（1）**理想的なダイオードを考えた場合**

理想的なダイオードの抵抗値が0であることから，ダイオードの両端に加わる電圧 V_D も0と考える。したがって

$$I_D = \frac{E - V_D}{R} = \frac{9 - 0}{180} = 0.05 \text{ A} = \underline{50 \text{ mA}}$$

$$V = 9 - 0 = \underline{9 \text{ V}}$$

（2）**順電圧の値を仮定した場合**

ダイオードに一定の順電流が流れているとき，順電圧である V_D はほぼ0.6〜0.9 V の範囲である。したがって，仮に $V_D = 0.8$ V とすれば

$$I_D = \frac{9 - 0.8}{180} = 0.0456 \text{ A} = \underline{45.6 \text{ mA}}$$

$$V = 9 - 0.8 = \underline{8.2 \text{ V}}$$

この方法は，理想的なダイオードを考えて電流を求める場合に比べて，より近似の値を求めることができる。

なお，実際には，つぎのように特性図から求める場合が最も適している。

（3）**実際の特性図から求める場合**

$I_D = \dfrac{E - V_D}{R}$ を変形すれば，$I_D = -\dfrac{1}{R} V_D + \dfrac{E}{R}$ である。

したがって

$$I_D = -\frac{1}{180}V_D + \frac{9}{180} \text{[A]} = -5.56V_D + 50 \text{[mA]} \quad (1.3)$$

上式は，回路の V_D と I_D の関係を示すものである。仮に，$V_D = 0\,\text{V}$ とした場合は $I_D = 50\,\text{mA}$ となり，$V_D = 1.2\,\text{V}$ とした場合は $I_D = 43.3\,\text{mA}$ となることから，その変化は図1.13（a）のようなグラフとなる。

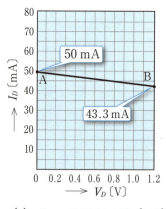
(a) $I_D = -5.56V_D + 50$ [mA] のグラフ

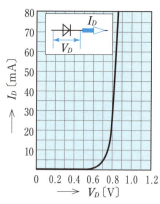
(b) ダイオード自身の電圧－電流特性

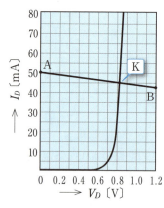
(c) 点Kの V_D, I_D
$I_D = 45\,\text{mA}$, $V_D = 0.82\,\text{V}$

図1.13 ダイオードの特性図から動作点を求める

一方，本来の V_D と I_D は，図（b）に示す特性曲線上の値でなければならない。したがって，実際の回路の V_D と I_D は，図（c）のように図（a）と図（b）を重ね合わせた交点Kの値から求めることができる。これにより

$$V_D = 0.82\,\text{V}, \quad I_D = \underline{45\,\text{mA}}, \quad V = E - V_D = 9 - 0.82 = \underline{8.18\,\text{V}}$$

問 6 図1.12の回路で，$E = 5\,\text{V}$，$R = 100\,\Omega$ のとき，I_D, V の値をつぎの場合について求めなさい。ダイオードの特性は図1.13と同じとする。

（1）理想的なダイオードを考えた場合
（2）順電圧の値を $V_D = 0.8\,\text{V}$ と仮定した場合
（3）実際の特性図から求める場合

3 その他のダイオード

1 定電圧ダイオード

一定の大きさの逆電圧を取り出すことができるものが**定電圧ダイオード**[†1]または**ツェナーダイオード**[†2]である。定電圧ダイオードは，図1.14のように，ある一定の値を超えた逆電圧を加えると，電流が急激に流れ出す降伏現象を利用したダイオードである。降伏現象が起きるときの逆電圧

[†1] voltage-regulator diode
[†2] Zener diode

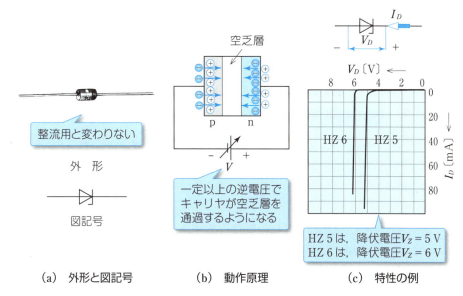

図 1.14　定電圧ダイオード

を**降伏電圧**または**ツェナー電圧**[†1] という。

　ツェナー電圧は，ダイオードに加える不純物や濃度によって決まり，流れる電流の大きさにかかわらず一定となる。そのため，定電圧ダイオードは，電源回路で定電圧を取り出す場合や，過電圧から回路を保護する場合などに用いられる。

[†1] Zener voltage

2　可変容量ダイオード

　逆電圧を変化させることにより，空乏層が持つ静電容量を可変させることができるものが**可変容量ダイオード**[†2] または**バラクタダイオード**[†3] である。

　図 1.15 のように，空乏層に加える逆電圧を大きくすると，その幅は広

[†2] variable capacitance diode
　略してバリキャップともいう。
[†3] varactor diode

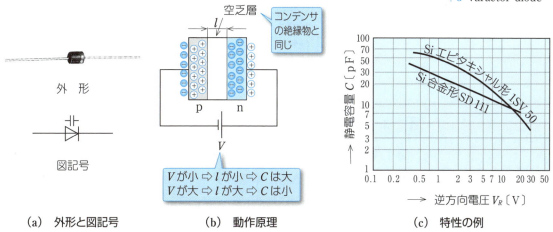

図 1.15　可変容量ダイオード

1章 電子回路素子

がり，静電容量の値が小さくなる。反対に電圧を小さくすれば，空乏層の幅が狭まり，静電容量の値は大きくなる。

可変容量ダイオードは，FM ラジオ，テレビジョンの周波数変調回路[†1]，電圧制御発振器（VCO[†2]）などに用いられている。

[†1] frequency modulation circuit
  9章で学ぶ。
[†2] voltage-controlled oscillator
  7章で学ぶ。
[†3] light emitting diode

3 発光ダイオード

順電流を流すと光を発するものが**発光ダイオード**（**LED**[†3]）で，ガリウムりん（GaP），ガリウムひ素（GaAs），ガリウムひ素りん（GaAsP）などの金属化合物を加えて作られる。

図1.16のように，順電圧を加えると，キャリヤが移動して順電流が流れるが，電子と正孔が再結合したとき，pn 接合付近で光が放出される。

発光ダイオードは，材料によって光の波長が変わり，応答速度が速く，低消費電力で，経年変化も少ないなどの特徴があり，いろいろな表示装置や光通信に用いられる。近年では，高輝度 LED が照明として用いられている。

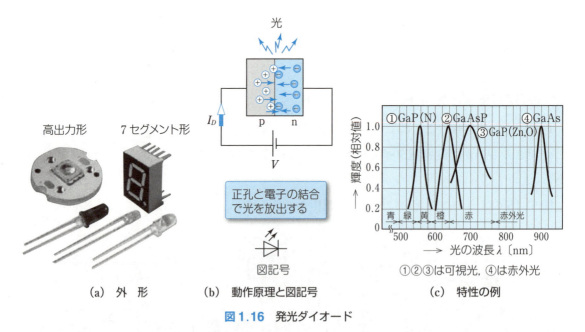

(a) 外　形　　(b) 動作原理と図記号　　(c) 特性の例

図1.16　発光ダイオード

4 ホトダイオード

図1.17のように，光を当てると光の量に比例した電流が流れるものが**ホトダイオード**[†4]である。本来，ダイオードは逆電圧を加えた場合に電流を流さない。しかし，この状態でホトダイオードに光を当てると，キャリヤが発生して電流が流れる。この原理を**光起電力効果**[†5]という。

[†4] photodiode
[†5] photovoltaic effect

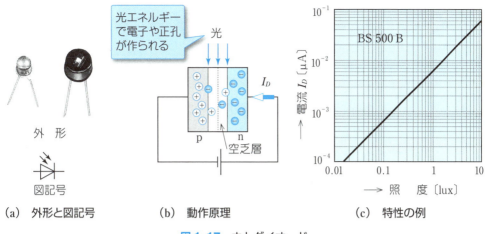

図 1.17 ホトダイオード

ホトダイオードは光の検出や照度計などに用いられる。

5 レーザダイオード

レーザ光線を発するものが**レーザダイオード**[†1] である。図 1.18 のように，LED の pn 接合面に対して直角な部分を鏡のように磨いて，順電圧を加えると発光し，鏡の両面で反射を繰り返す。そのとき，片面を半透明の状態にすれば，もう一方から細いレーザビームを取り出すことができる。

†1 laser diode

レーザダイオードは，CD や DVD などのメディアを読み書きするための光源や，光通信の光源として用いられる。

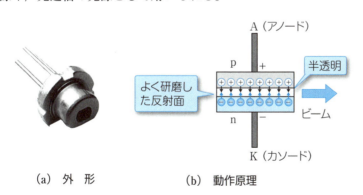

図 1.18 レーザダイオード

1.3 トランジスタ

増幅作用やスイッチング作用を持つ半導体素子がトランジスタである。ここでは，トランジスタを正しく使用するため，その構造や働き，特性，定格などについて学ぶ。

1 構造と働き

†1 transistor
†2 amplification
†3 switching

トランジスタ[†1]の**増幅**[†2]作用とは，小さな振幅の信号を大きな振幅の信号として取り出すことである。また，**スイッチング**[†3]作用とは，小さな電流のON，OFFにより，大きな電流や電圧で駆動するモータなどの機器をON，OFFする働きである。

†4 base
†5 collector
†6 emitter

トランジスタには，それぞれ**ベース**[†4]（B），**コレクタ**[†5]（C），**エミッタ**[†6]（E）といわれる三つの端子がある。また，図1.19（a）のように，半導体の3層構造で作られ，図（b），（c）のようにnpn形とpnp形がある。ここでは特別な場合を除いて，npn形について学ぶこととする。

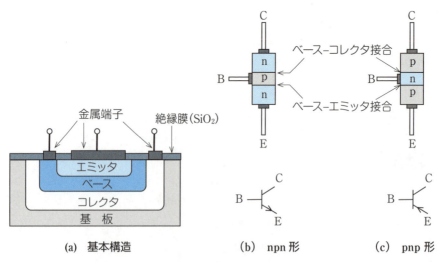

(a) 基本構造　　(b) npn形　　(c) pnp形

図1.19　トランジスタ

1 トランジスタへの電圧の加え方

トランジスタを動作させるには，図1.20のように，端子間に適切な大きさの直流電圧 E_1，E_2 を加える必要がある。図（a）の場合，エミッタが二つの電源の共通端子となることから**エミッタ共通接続**といい，この共

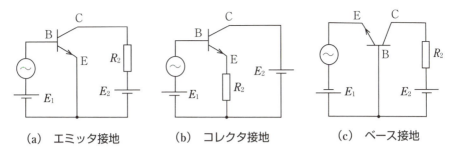

(a) エミッタ接地　　(b) コレクタ接地　　(c) ベース接地

図 1.20　トランジスタの接地方法

通端子を接地する状態を**エミッタ接地**[†1]という。そのほかにも，図（b）の**コレクタ接地**[†2]や，図（c）の**ベース接地**[†3]による電圧の加え方がある。

[†1] common emitter
[†2] common collector
[†3] common base

2　トランジスタの動作原理

1　図 1.21（a）のように，B-E 間に電圧を加えず，C-E 間にだけ電圧を加えても，C-B 間が逆電圧となるため，トランジスタに電流は流れない。

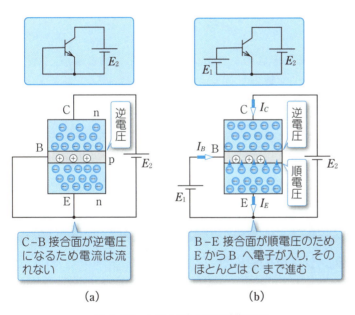

(a)　　　　　　　(b)

図 1.21　トランジスタの動作原理

2　図（b）のように，B-E 間にも電圧を加えれば，その間は順方向になることから，B-E 間でキャリヤの移動が生じ，ベース電流 I_B が流れる。ただし，ベース側の p 形領域（ベース層）がきわめて薄いことから，I_B の値は非常に小さい。

3　エミッタ側の n 形領域にある自由電子は，B-E 間に順電圧が加わ

ることから，ベース層に移動するが，ベース層がきわめて薄いため，ほとんどの自由電子は，ベース層を通過してコレクタ側のn形領域に進んでいく。これにより，コレクタ電流I_C，エミッタ電流I_Eが流れる。

3 トランジスタに流れる電流の関係

（a）ベース電流とコレクタ電流の和がエミッタ電流となる。

$$（エミッタ電流）\quad I_E = I_B + I_C \tag{1.4}$$

（b）コレクタ電流に対してベース電流はきわめて小さい。

$$I_C \gg I_B$$

（c）エミッタ電流はコレクタ電流の大きさにほぼ等しい。

$$I_E \fallingdotseq I_C$$

†1 direct current transfer ratio

（d）コレクタ電流とベース電流の比を**直流電流増幅率**[†1]という。

$$（直流電流増幅率）\quad h_{FE} = \frac{I_C}{I_B} \tag{1.5}$$

h_{FE}の値は，それぞれのトランジスタによって異なるが，おおむね数十から数百となる。これは，小さなベース電流I_Bによって大きなコレクタ電流I_Cが制御できることを示している。なお，トランジスタを**ダーリントン接続**[†2]すれば，数千から数万程度のh_{FE}を得ることができる。

†2 Darlington connection
下図の接続をいう。全体のh_{FE}は，等価的にそれぞれのTrによるh_{FE}の積で求められる。

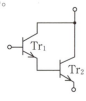

問 7 あるトランジスタが$I_B = 20\,\mu\text{A}$，$I_C = 3\,\text{mA}$で正常に動作している。このとき，I_E〔mA〕，h_{FE}の値を求めなさい。

2 特性と定格

1 トランジスタの静特性

†3 static characteristics

図1.22の測定回路を用いて，トランジスタの各端子に直流電圧を加え，図1.23のように，直流の電圧や電流の関係を示したグラフを**静特性**[†3]という。

（a）I_B-I_C特性（電流伝達特性）
（C-E間電圧V_{CE}を一定にして測定する）

I_Bに比例してI_Cは大きくなる。な

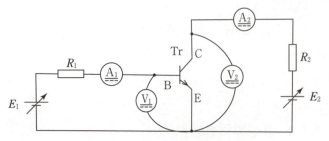

図1.22 トランジスタ特性測定回路

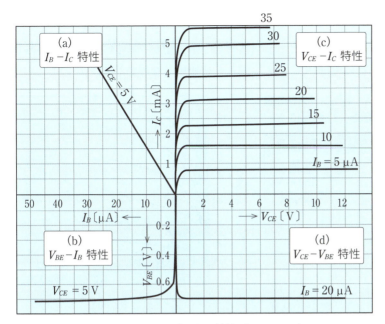

図1.23 トランジスタの特性（2SC1815）

お，この場合の比例定数が直流電流増幅率 h_{FE} である。

（b） $V_{BE}-I_B$ **特性**（**入力特性**）（V_{CE} を一定にして測定する）

B-E 間電圧 V_{BE} が，ある一定値以上になったとき，初めて I_B が流れ出す。これは，ダイオードの順方向特性と同様の変化である。

（c） $V_{CE}-I_C$ **特性**（**出力特性**）（I_B を一定にして測定する）

I_C を流すためには V_{CE} を必要とするが，I_C の大きさは I_B によって決まり，ほとんど V_{CE} の影響は受けない。ここで，$V_{CE}>0$ で I_C が急激に流れ出す範囲を**飽和領域**[†1]という。また，$I_B \leq 0$ の範囲を**遮断領域**[†2]という。それ以外の範囲は，トランジスタが安定して動作している状態であることから**能動領域**[†3]という。

（d） $V_{CE}-V_{BE}$ **特性**（**電圧帰還**[†4]**特性**）（I_B を一定にして測定する）

V_{BE} の大きさは V_{CE} の変化に影響されず，ほぼ 0.6 ～ 0.8 V で一定となる。

2 トランジスタの最大定格

トランジスタの場合も，ダイオードと同じように最大定格[†5]がある。このうち，**コレクタ損**[†6] P_C とはトランジスタの消費電力にあたる値で，$P_C = V_{CE} I_C$ で求められ，その最大定格が P_{Cm} である。トランジスタでは，特に P_{Cm} を超えないよう注意する。したがって，定格の範囲で I_C を多く流そうとすれば，その分だけ V_{CE} が減少する。

†1 saturation region
†2 cut-off region
†3 active region
†4 voltage feedback
　帰還とは出力の一部を入力に戻すこと。
†5 コレクタ電流 I_C の最大定格は I_{Cm}，コレクタ-エミッタ間電圧 V_{CE} の最大定格は V_{CEO} である。
†6 collector dissipation

なお，表 1.1 に示したトランジスタの場合，P_{Cm} は図 1.24 のような曲線となる。つまり，この曲線と $I_{Cm} = 150\,\mathrm{mA}$，$V_{CEO} = 50\,\mathrm{V}$ で区切られた濃い色の範囲内でトランジスタを使用しなければならない。

†1 ベースを開放してコレクタ-エミッタ間にかけることのできる最大電圧。

表 1.1 トランジスタの最大定格（2 SC 1815-Y）

記号	最大定格
V_{CEO} †1	50 V
I_{Cm}	150 mA
P_{Cm}	400 mW

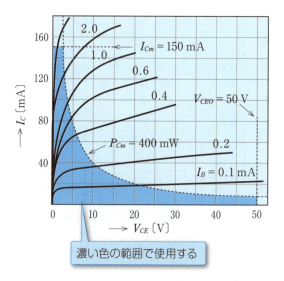

図 1.24 トランジスタの使用範囲

3 トランジスタの h パラメータ

†2 h-parameter
h 定数ともいう。

図 1.25 のように，静特性の局所的な傾きをトランジスタの **h パラメータ**†2 という。表 1.2 はその一例である。これらは，トランジスタに交流

表 1.2 トランジスタの h パラメータ（2 SC 1815-Y）

定数	値	測定条件
h_{oe}	9 μS	$V_{CE} = 5\,\mathrm{V}$ $I_C = 2\,\mathrm{mA}$
h_{fe}	160	
h_{ie}	2.2 kΩ	
h_{re}	5×10^{-5}	
h_{FE}	120 ～ 240	$I_C = 2\,\mathrm{mA}$

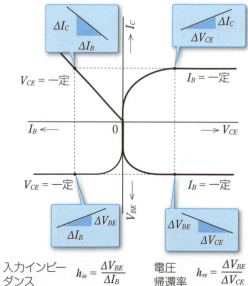

図 1.25 トランジスタの h パラメータ

信号を加えた場合の等価回路を考える際に用いられるもので，詳しくは次章以降で学ぶ。

　（a）　電流増幅率 h_{fe}

I_B-I_C 特性の局所的な傾きを**電流増幅率**[†1]という。

†1 current amplification factor

$$（電流増幅率）\quad h_{fe} = \frac{\Delta I_C}{\Delta I_B} \ 〔倍〕 \qquad (1.6)^{†2}$$

†2 Δ (delta) は，微小な変化分であることを意味する。

なお，この値は直流電流増幅率 h_{FE} と異なることに注意する。

　（b）　入力インピーダンス h_{ie}

V_{BE}-I_B 特性の局所的な傾きを**入力インピーダンス**[†3]という。

†3 input impedance

$$（入力インピーダンス）\quad h_{ie} = \frac{\Delta V_{BE}}{\Delta I_B} \ 〔Ω〕 \qquad (1.7)$$

　（c）　出力アドミタンス h_{oe}

V_{CE}-I_C 特性の局所的な傾きを**出力アドミタンス**[†4]という。

†4 output admittance

$$（出力アドミタンス）\quad h_{oe} = \frac{\Delta I_C}{\Delta V_{CE}} \ 〔S〕 \qquad (1.8)$$

　（d）　電圧帰還率 h_{re}

V_{CE}-V_{BE} 特性の局所的な傾きを**電圧帰還率**[†5]という。

†5 voltage feedback ratio

$$（電圧帰還率）\quad h_{re} = \frac{\Delta V_{BE}}{\Delta V_{CE}} \qquad (1.9)$$

なお，末尾の e はエミッタ接地であることを示す。

4 コレクタ遮断電流 I_{CBO}

C-B 間に逆電圧を加え，B-E 間には電圧を加えないとき，コレクタに流れる電流を**コレクタ遮断電流**[†6]という。I_{CBO} は，ダイオードの逆電流に相当する電流で，非常に小さな値であるが，温度によって大きく変化するため，トランジスタを安定して動作させるためには，I_{CBO} の小さいトランジスタを使用する。表 1.3 に一例を示す。

†6 collector cut-off current

表 1.3　トランジスタの I_{CBO} (2 SC 1815-Y)

記号	値	測定条件
I_{CBO}	0.1 μA 最大	V_{CB} = 60 V

問 8　2 SC 1815 以外のトランジスタについて最大定格の値を調べなさい。

例題 2

図 1.26 の回路について，各部の電圧，電流，Tr の消費電力を求めなさい。ここでは，$V_{BE}=0.8\,\text{V}$，$h_{FE}=200$ として計算する。

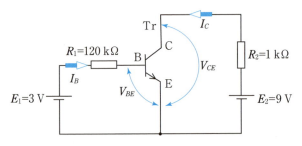

図 1.26　簡単なトランジスタ回路

解答　この回路の B-E 間について，電圧と電流の関係は

$$E_1 = R_1 I_B + V_{BE} \quad [\text{V}] \tag{1.10}$$

である。したがって

$$I_B = \frac{E_1 - V_{BE}}{R_1} = \frac{3 - 0.8}{120 \times 10^3} = 18.3 \times 10^{-6}\,\text{A} = \underline{18.3\,\mu\text{A}}$$

また，$h_{FE} = \dfrac{I_C}{I_B}$ から

$$I_C = h_{FE} I_B = 200 \times 18.3 \times 10^{-6} = 3.67 \times 10^{-3}\,\text{A} = \underline{3.67\,\text{mA}}$$

そして，C-E 間については

$$E_2 = R_2 I_C + V_{CE} \tag{1.11}$$

である。したがって

$$V_{CE} = E_2 - R_2 I_C = 9 - 1 \times 10^3 \times 3.67 \times 10^{-3} = \underline{5.33\,\text{V}}$$

$$P_C = V_{CE} I_C = 5.33 \times 3.67 \times 10^{-3} = 19.6 \times 10^{-3}\,\text{W} = \underline{19.6\,\text{mW}}$$

問 9　図 1.26 の回路で，R_1 を変えて $I_C = 6\,\text{mA}$ とするには，R_1 をいくらにすればよいか求めなさい。

問 10　図 1.27 の回路で h_{FE} を求めなさい。ただし，$V_{BE} = 0.6\,\text{V}$，$V_{CE} = 4\,\text{V}$，$E_1 = 3\,\text{V}$，$E_2 = 10\,\text{V}$，$R_1 = 150\,\text{k}\Omega$，$R_2 = 2\,\text{k}\Omega$ とする。

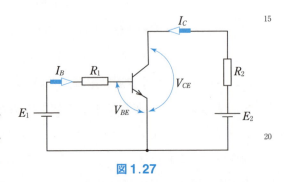

図 1.27

1.4 電界効果トランジスタ

電界効果トランジスタ（FET）は，前節で学んだトランジスタと同じような性質を持つが，その内部構造や動作原理は大きく異なる。ここでは，FET の構造や働き，特性，定格などについて学ぶ。

1 構造と働き

電界効果トランジスタ（FET[†1]） は，トランジスタと同じように増幅作用やスイッチング作用を持つ。ただし，トランジスタが**電流制御形**[†2]であるのに対して，FET は**電圧制御形**[†3]で，トランジスタが**バイポーラトランジスタ**[†4]であるのに対して，FET は**ユニポーラトランジスタ**[†5]である。

FET は，内部構造によって**接合形**[†6]と**絶縁ゲート（MOS**[†7]**）形**に分けられる。また，**表 1.4** の構造図のように，半導体の配置から，それぞれ **n チャネル形**と **p チャネル形**がある。**チャネル**[†8]とは，キャリヤが移動することによって電流が流れる通路のような領域である。

なお，FET の端子は**ゲート**[†9]（G），**ドレーン**[†10]（D），**ソース**[†11]（S）の三つが基本であるが，4 端子形の場合には**バックゲート**[†12]（B）がある。

[†1] field-effect transistor
[†2] ベース電流によってコレクタ電流を制御する形式。
[†3] ゲート電圧によってドレーン電流を制御する形式。
[†4] bipolar transistor
　2 種類のキャリヤの働きを利用して動作するトランジスタ。
[†5] unipolar transistor
　1 種類のキャリヤの働きだけで動作するトランジスタ。
[†6] junction
[†7] metal-oxide-semiconductor
[†8] channel
[†9] gate
[†10] drain
[†11] source
[†12] back gate
　サブストレートということもある。

表 1.4　FET の種類

	接合形		MOS 形	
	p チャネル形	n チャネル形	p チャネル形	n チャネル形
構造図	D―[n/p]―S (G上) n：n 形半導体 p：p 形半導体	D―[p/n]―S (G上)	D―[p/n/p]―S (金属 G SiO₂ 上, B下)	D―[n/p/n]―S (金属 G SiO₂ 上, B下)
電極名	D：ドレーン	S：ソース	G：ゲート	B：バックゲート
図記号	G―|←D/S	G―|←D/S	G―|→D/B/S	G―|←D/B/S

MOS 形の図記号はデプレション形で，バックゲート（基板）接続引出しの場合を示す。バックゲート接続のない場合は B の線を内側に縮める

なお，ここではnチャネル接合形を例にして学ぶこととする。

1 FETへの電圧の加え方

図 1.28 のように，それぞれの端子に電圧を加えて動作させる。

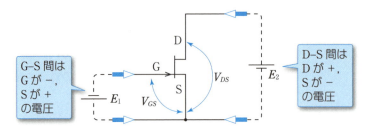

図 1.28　FETへの電圧の加え方（nチャネル接合形）

2 FETの動作原理

（a）$V_{GS}=0$ で，V_{DS} が小さい場合

図 1.29（a）のように，ドレーン電圧 V_{DS} が小さい場合には，空乏層も小さく，D-S間のチャネル全体に V_{DS} が加わるため，ドレーン電流 I_D は V_{DS} に比例して大きくなる。

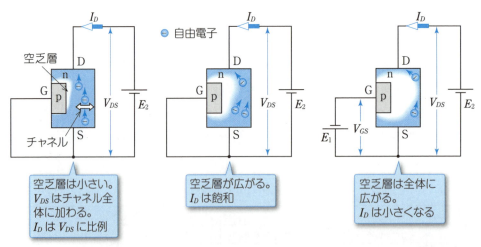

（a）　V_{DS} が小さいとき　　（b）　V_{DS} が大きいとき　　（c）　V_{DS} と V_{GS} を加えたとき

図 1.29　FETの動作原理（nチャネル接合形）

（b）　$V_{GS}=0$ で，V_{DS} を大きくした場合

pn接合となっているD-G間において V_{DS} は逆電圧となる。このため，図（b）のように，V_{DS} を大きくすると空乏層が広がり，I_D が流れるチャネルの幅は狭くなる。したがって，V_{DS} を大きくしても，I_D は一定の大きさで飽和する。

（c） $V_{GS}<0$ の場合

図（c）のように，V_{GS} を加えると，G-S 間に逆電圧が加わるため，空乏層が全体に広がり，チャネルの幅を狭くしてしまう。このため，電流が流れにくくなり，I_D は小さくなる。

2 特性と定格

図 1.30 の回路を用いて，FET についてもトランジスタと同じような静特性を測定する。

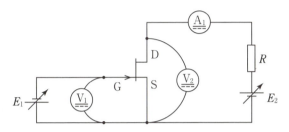

図 1.30　FET 特性測定回路（n チャネル接合形）

1 電圧と電流の関係

FET はゲートに電流を流さないため，ドレーン電流 I_D，ゲート電圧 V_{GS}，ドレーン電圧 V_{DS} の関係から特性が示される。

（a）　V_{GS}-I_D 特性（**伝達特性**）（V_{DS} を一定にして測定する）

図 1.31（a）のように，逆電圧である V_{GS} の値を大きくすると，チャネルの幅が狭くなることから I_D の値はしだいに減少する。このとき，$I_D=0$ となる点の V_{GS} を**ピンチオフ電圧**[†1] V_P という。

[†1] pinch-off voltage

（b）　V_{DS}-I_D 特性（**出力特性**）（V_{GS} を一定にして測定する）

図（b）のように，I_D の値は V_{GS} の大きさによって決まり，V_{DS} を変

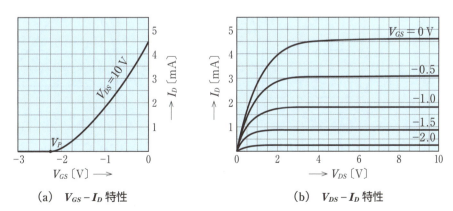

(a) V_{GS}-I_D 特性　　　　　　　(b) V_{DS}-I_D 特性

図 1.31　接合形 FET の静特性（2SK30ATM の場合）

化させてもあまり影響を受けない。なお，この特性を利用してFETを定電流素子として用いる場合がある。

問 11 図1.31（a）の特性について V_P〔V〕を求めなさい。

図1.32はFETを動作させるための回路である。この回路に流れる電流や，加わる電圧の大きさを，特性図から求めなさい。

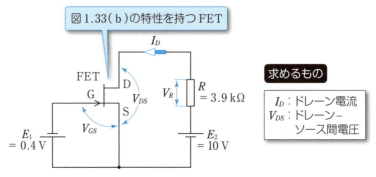

図1.32　FETの動作回路（nチャネル接合形）

解答 図1.33（a）のように，出力側を一巡する回路を考えてみれば，つぎの式が成り立つ。

$$E_2 = V_R + V_{DS} = RI_D + V_{DS} \text{〔V〕} \tag{1.12}$$

したがって

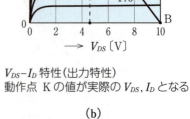

$V_R = RI_D$

$I_D = -\dfrac{1}{R} V_{DS} + \dfrac{E_2}{R}$

が成り立つ

(a)

V_{DS}-I_D 特性（出力特性）
動作点 K の値が実際の V_{DS}, I_D となる

(b)

図1.33　I_D，V_{DS} の求め方

$$I_D = \frac{E_2 - V_{DS}}{R} = -\frac{1}{R}V_{DS} + \frac{E_2}{R} \quad [\text{A}] \tag{1.13}$$

これより

$$I_D = -\frac{1}{3.9 \times 10^3} \times V_{DS} + \frac{10}{3.9 \times 10^3} \quad [\text{A}] = -0.256 V_{DS} + 2.56 \quad [\text{mA}] \tag{1.14}$$

となる。上式は V_{DS} と I_D の関係を示したもので，グラフで示すと図（b）の直線 AB となる。

なお，$V_{GS} = -E_1 = -0.4 \text{ V}$ から，特性と負荷線の交点 K が FET の動作点となる。これにより

$$V_{DS} = \underline{4.5 \text{ V}}, \quad I_D = \underline{1.4 \text{ mA}}$$

問 12 図 1.32 の回路で，$E_2 = 8 \text{ V}$，$R = 3.9 \text{ k}\Omega$ のときの V_{DS} と I_D の値を，図 1.33（b）の特性を用いて求めなさい。ただし，$E_1 = 0.6 \text{ V}$ とする。

2 相互コンダクタンス

†1 mutual conductance

相互コンダクタンス[†1] g_m とは，V_{GS}-I_D 特性における曲線の傾きを示したもので，FET における増幅の目安となる値である。

例えば，図 1.34 のように，点 K における I_D の変化分を ΔI_D，V_{GS} の変化分を ΔV_{GS} とすれば，g_m はつぎのようになる。

（相互コンダクタンス） $\quad g_m = \dfrac{\Delta I_D}{\Delta V_{GS}} \quad [\text{S}] \tag{1.15}$

なお，図 1.34 の場合について，点 K における g_m を求めればつぎのようになる。

$$g_m = \frac{0.4 \times 10^{-3}}{0.15} = 2.67 \times 10^{-3} \text{ S} = 2.67 \text{ mS}$$

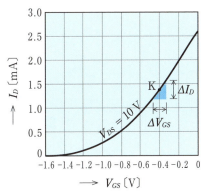

図 1.34 相互コンダクタンスの求め方

問 13 図 1.34 の特性について，$V_{GS} = -0.8 \text{ V}$ のときの g_m [S] を求めなさい。

3 最大定格

表 1.5 のように，FET の場合もトランジスタと同様で，加えることの

表 1.5 FET の最大定格の例（2SK30ATM）

項　目	記号	最大定格
ゲート－ドレーン間電圧	V_{GDS}	-50 V
ゲート電流	I_G	10 mA
許容損失	P_D	100 mW

できる電圧や，流せることのできる電流などについて，それぞれ最大定格がある。

問 14 2SK30ATM 以外の接合形 FET について最大定格の値を調べなさい。

3 絶縁ゲート形（MOS形）FET

絶縁ゲート形 FET は，表 1.4 のように，半導体の表面に非常に薄い酸化絶縁膜（SiO_2）を作り，これに金属を蒸着してゲート端子を付けた構造となっている。

1 MOS形 FET の動作原理

図 1.35 の向きに電圧を加えて動作させる。

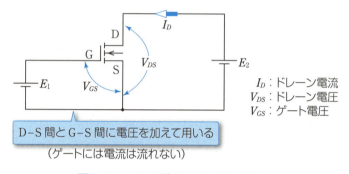

図 1.35　MOS形 FET に加える電圧

（a）$V_{GS}=0$ の場合

図 1.36（a）のように，ゲート電圧 V_{GS} を加えずにドレーン電圧 V_{DS} だけを加えても，チャネルが存在せず，さらに pn 接合が逆向きになっている部分もあるため，ドレーン電流 I_D は流れない。

（b）$V_{GS}>0$ の場合

図（b）のように，V_{GS} を少しだけ加えると，ゲートの正の電圧に引か

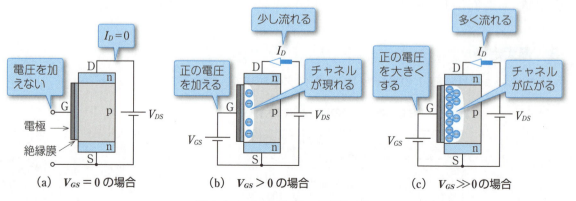

図 1.36　MOS形 FET の動作原理

れて，金属膜の近くのp形領域に電子が集まり，それがnチャネルとなり，I_D が流れ出す。

(c) $V_{GS} \gg 0$ の場合

図(c)のように，さらに V_{GS} を大きくすると，チャネルの幅が広がり，I_D も大きくなる。なお，ひとたび I_D が流れれば，V_{DS} を大きくしても，あまり I_D には影響がない。

2 エンハンスメント形とデプレション形

これまでに学んだMOS形FETは，ゲート電圧 V_{GS} を加えることによってチャネルが作られ，その V_{GS} を大きくすることによってチャネルが広がり，ドレーン電流 I_D を増加させていることから，**エンハンスメント形**[†1] または **ノーマリーオフ形**[†2] といわれる。

これに対し，V_{GS} が加わることによって，あらかじめ作られているチャネルを狭め，I_D を減少させるFETは**デプレション形**[†3] または **ノーマリーオン形**[†4] といわれる。

これらの図記号を**図1.37**，特徴を**図1.38**に示す。

[†1] enhancement type
[†2] normally off type
[†3] depletion type
[†4] normally on type

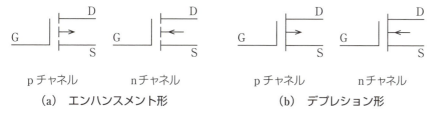

(a) エンハンスメント形　　(b) デプレション形

図1.37 MOS形FETの図記号

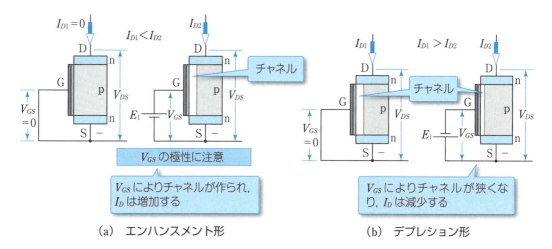

(a) エンハンスメント形　　(b) デプレション形

図1.38 MOS形FETの特徴

それぞれの特性は，図 1.39 および図 1.40 のようになる。

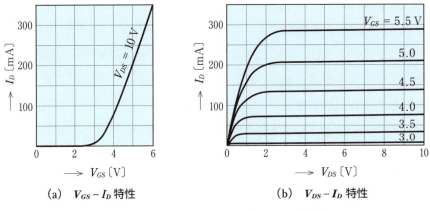

(a) $V_{GS}-I_D$ 特性　　(b) $V_{DS}-I_D$ 特性

図 1.39　エンハンスメント形 FET の静特性

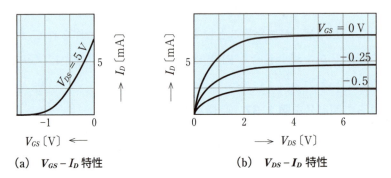

(a) $V_{GS}-I_D$ 特性　　(b) $V_{DS}-I_D$ 特性

図 1.40　デプレション形 FET の静特性

問 15　代表的な MOS 形 FET について最大定格の値を調べなさい。

1.5 集積回路

　実際に家電製品などに用いられる電子回路は，その多くが集積回路（IC）として小形化されている。ここでは，ICの特徴や分類，取り扱う際に注意すべき点などについて学ぶ。

1 集積回路の特徴と分類

　集積回路（**IC**[†1]）は，トランジスタ，ダイオード，抵抗，コンデンサなどの素子を一つのチップの中に組み込んで配線し，特定の機能を持たせたもので，ほこりを排したクリーンルームにおいて製造される。ICは，構成するトランジスタの種類や回路の働き，集積度の違いによって，**図1.41**のように分類することができる。

[†1] integrated circuit

　それらをダイオードやトランジスタなどの個別の素子で製作した回路と比較すれば，つぎのような特徴がある。

　① 回路の小形化や軽量化ができる。
　② 動作の信頼性が高い。
　③ 消費電力が小さい。
　④ 高速動作が可能。
　⑤ 大量生産が容易。

　なお，IC内に大容量のコイルやコンデンサを組み込むことは難しい。

　さらに，バイポーラICはユニポーラICと比較してつぎのような特徴がある。

　① 応答速度が速い。
　② 消費電力が大きい。
　③ 大きな出力が取れる。
　④ 出力にひずみが少ない。

　問 16 集積回路の製造工程を調べなさい。

1章 電子回路素子

[†1] small scale integration

[†2] medium scale integration

[†3] large scale integration

[†4] very large scale integration

[†5] dual inline package

[†6] small outline package

[†7] single inline package

[†8] transistor outline

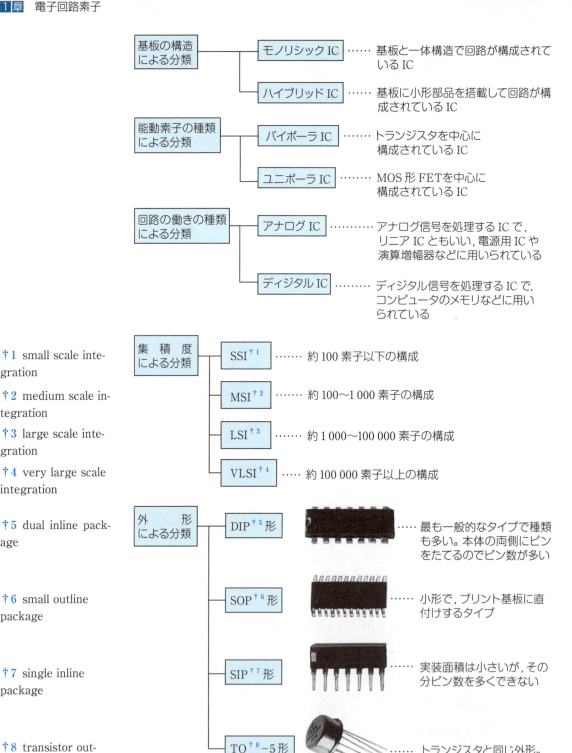

図1.41 集積回路の種類

2 ディジタル IC の動作

ディジタル IC には，AND や OR などの論理素子が格納されており，構成されるトランジスタの種類によって **TTL**[†1] と **C-MOS**[†2] に分けられる。

TTL は，C-MOS に対して消費電力が大きいが，高速に動作する。それに対して，C-MOS は消費電力が少なく，雑音に強いが，静電気に弱いという特徴がある。

†1 transistor transistor logic
†2 complementary metal-oxide-semiconductor

特性は同じでチャネル（p チャネルか n チャネルか）だけが逆である 2 種類の MOS 形 FET を使う IC。

1 ディジタル IC の電圧レベル

TTL の場合には，電源電圧が 5 V と決められているのに対して，C-MOS の場合は 3〜18 V 程度の幅がある。

図 1.42 は，例として 5 V における H（1）と L（0）の状態を，それぞれの IC で比較した場合である。

TTL の場合，出力 L のレベルは V_{OL} = 0.4 V 以下である。この出力を別の IC に入力として加えると，V_{IL} = 0.8 V 以下であることから，その差には 0.4 V の余裕がある。これを**ノイズマージン**[†3]といい，出力 H の場合にも同じようなことがいえる。

なお，TTL と C-MOS を比べると，C-MOS のほうがノイズマージンに余裕があることから，雑音に強いことがわかる。

†3 noise margin

問 17 TTL と C-MOS の構造上の違いを挙げなさい。

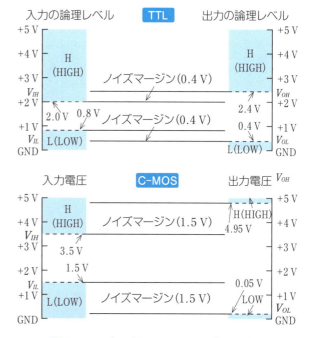

図 1.42 ディジタル IC のノイズマージン

2 ディジタル IC の電流レベル

図 1.43 は，TTL における入出力電圧・電流の大きさを示したものである。出力と入力の電流の大きさがわかれば，図 1.44（a）のように，出力端子に何個の論理素子を接続できるかが決まる。これを**ファンアウト**[†4]という。

†4 fan out

また，図 1.44（b）のように二つ以上の IC をつないだとき，入力側よりも出力側のトランジスタの電位が低い場合，入力側に電流が流れ込む現象が生じる。この電流を**シンク電流**[†5]という。

†5 sink current

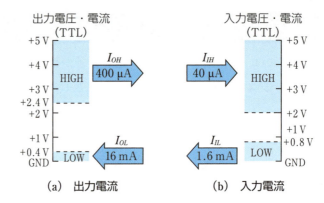

図 1.43　TTL の入出力電圧・電流

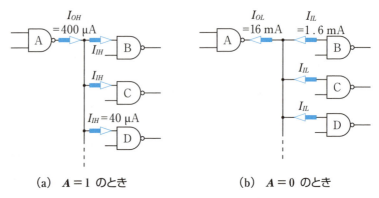

(a)　A = 1 のとき　　　(b)　A = 0 のとき

図 1.44　ディジタル IC のシンク電流

例題 4

図 1.44（a）から，論理素子 A の出力が H のとき，A に接続できる論理素子の数を求めなさい。

解答　$I_{OH} = 400\,\mu\text{A}$，$I_{IH} = 40\,\mu\text{A}$ から，接続できる素子の数 N は

$$N = \frac{I_{OH}}{I_{IH}} = \frac{400}{40} = \underline{10\,\text{個}}$$

問 18　図 1.44（b）から，論理素子 A の出力が L の場合について，A に接続できる論理素子の数を求めなさい。

学習のポイント

1 半導体
（1）半導体は価電子が4個の物質であり，真性半導体はきわめて純度が高い。それに不純物を加えたものが不純物半導体である。

（2）不純物半導体のうち，n形半導体は価電子が5個のドナーを加えて作られ，p形半導体は価電子が3個のアクセプタを加えて作られる。

（3）n形半導体の多数キャリヤは自由電子，p形半導体の多数キャリヤは正孔である。

（4）半導体を流れる電流には，電界によるドリフト電流，キャリヤの濃度差による拡散電流がある。

2 ダイオード
（1）半導体のpn接合を利用したもので，二つの端子（アノード，カソード）がある。

（2）整流作用を持ち，電流を流す方向を順方向，電流を流さない方向を逆方向という。

3 トランジスタ
（1）トランジスタは，増幅作用とスイッチング作用を持つ。

（2）npn形とpnp形があり，三つの端子（ベース，コレクタ，エミッタ）がある。

（3）小さなベース電流で大きなコレクタ電流を制御する素子で，直流電流増幅率が増幅の大きさの目安となる。

（4）四つの静特性が得られ，それぞれの特性でhパラメータが求められる。

4 電界効果トランジスタ
（1）トランジスタと同じように，増幅作用とスイッチング作用を持ち，三つの端子（ゲート，ドレーン，ソース）がある。

（2）小さなゲート電圧で大きなドレーン電流を制御する素子で，相互コンダクタンスが増幅の大きさの目安となる。

（3）ドレーン電流の通路をチャネルといい，その幅はゲート電圧の大きさによって制御される。

5 集積回路
（1）ICは，基板の構造や能動素子の種類，集積度や外形によって分類される。

（2）ディジタルICを扱う場合には，そのIC固有の電圧レベルや電流レベルに注意する。

章 末 問 題

1. 図 1.45 は異なる二つのダイオードの特性である。（1）または（2）の文章にあてはまるダイオードは、ダイオード A, ダイオード B のどちらか答えなさい。

   （1） 1 V 程度の小さな交流で、電流を多く必要としない整流に適している。

   （2） 100 V, 2 A の直流電源の整流用として適している。

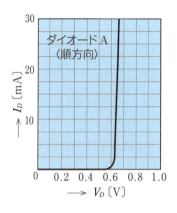
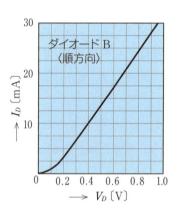

ダイオード名 項　目	A	B
最大逆電圧 V_R [V]	400	40
平均逆電流 [μA]	0.5	8
最大順電流 [A]	5	0.05

図 1.45

2. 図 1.46（a）の回路について、V_D [V], I_D [mA], P [mW] を求めなさい。ただし、$E=3$ V, $R=51$ Ω, ダイオード D の特性を図（b）とする。

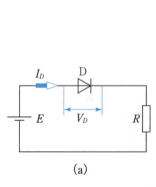
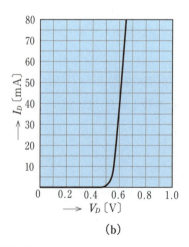

(a)　　　　　　　　(b)

図 1.46

3 図 1.47 の回路について，発光ダイオードに流す電流を $I_D = 20\,\text{mA}$ としたい。このとき，$R\,[\Omega]$ の値をいくらにすればよいか求めなさい。ただし，$E = 5\,\text{V}$，$V_D = 1.8\,\text{V}$ とする。

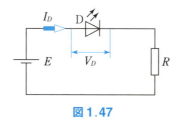

図 1.47

4 図 1.48（a），（b），（c）のダイオードの名称とその用途を挙げなさい。

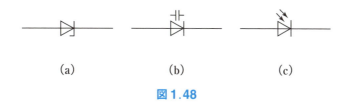

図 1.48

5 トランジスタの特性が図 1.49（a）であるとき，以下の値を求めなさい。
 （1）図（b）の I_B, I_C　（2）図（c）の I_B, V_{BE}　（3）図（d）の V_{BE}, I_C

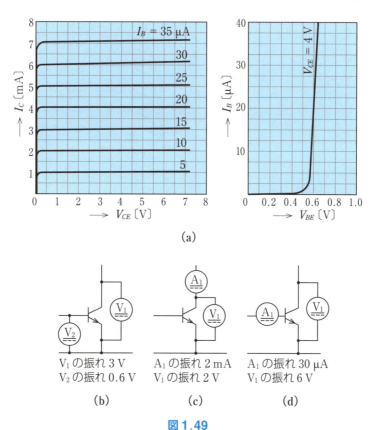

図 1.49

1章 電子回路素子

6 $P_{Cm} = 600$ mW のトランジスタにおいて，$V_{CE} = 12$ V（一定）とするとき，I_C [mA] を最大いくらまで流すことができるか求めなさい。

7 図 1.50 の回路について，I_C [mA]，I_B [μA]，V_{BE} [V]，P_C [mW] を求めなさい。ただし，$V_{CE} = 5$ V，$h_{FE} = 200$，$E_1 = 3$ V，$E_2 = 8$ V，$R_1 = 180$ kΩ，$R_2 = 1.2$ kΩ とする。

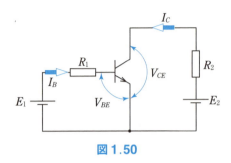

図 1.50

8 図 1.51（a）の回路について，V_{DS} [V]，I_D [mA]，P_D [mW] を求めなさい。ただし，$E_1 = 0.4$ V，$E_2 = 8$ V，$R_2 = 3.2$ kΩ，FET の特性は図（b）とする。

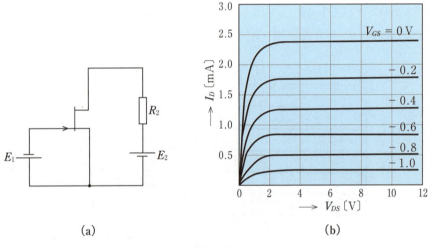

(a)　　　　　(b)

図 1.51

2章

増幅回路の基礎

　小さな電気信号を大きな電気信号にする回路を増幅回路という。増幅回路はトランジスタなどの素子を組み合わせて作られ，電子回路の基本となる。本章では，増幅回路について簡単な基本回路を例にして，増幅のしくみと特性の求め方の基本を学ぶ。

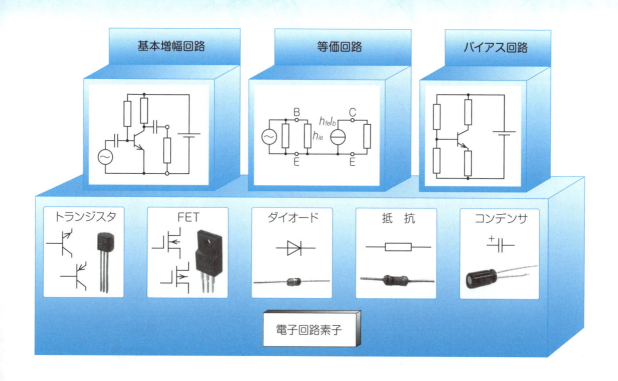

学習の流れ

2.1 簡単な増幅回路
（1） **増幅とは** ⇨ 信号の振幅を大きくすること。
（2） 増幅回路は交流信号に直流分を加えて動作させる。
（3） 増幅回路は交流回路と直流回路に分けて考える。

音声増幅の例

2.2 増幅回路の動作
（1） **直流回路** ⇨ 直流負荷線，動作点，バイアスの求め方
（2） **交流回路** ⇨ 交流負荷線，増幅度の求め方
（3） **利　得** ⇨ デシベル〔dB〕の計算（電圧利得，電流利得，電力利得）

2.3 トランジスタの等価回路とその利用
（1） h パラメータを使った等価回路
（2） 等価回路による増幅度や入出力インピーダンスの求め方

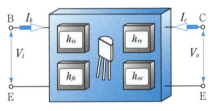

h パラメータを使った等価回路

2.4 バイアス回路
（1） **バイアスの安定化** ⇨ 熱暴走，雑音増加，ひずみ増加を防ぐため。
（2） **バイアスの種類と特徴**

バイアス回路の種類	安定度	特　徴
固定バイアス	△	回路が簡単。温度変化や電圧変動に対し不安定
自己バイアス	○	入力抵抗が低下する
電流帰還バイアス	○	エミッタ抵抗で負帰還をかけるバイアス回路。増幅度が低下する
ブリーダ電流バイアス	◎	消費電力が大きい。バイパスコンデンサが必要

（3） **バイパスコンデンサ** ⇨ 負帰還作用による増幅度の低下を防ぐためのコンデンサ。

2.5 増幅回路の特性変化
（1） **周波数特性** ⇨ 低域周波数と高域周波数で増幅度（利得）が低下する。
（2） **出力波形のひずみ** ⇨ 入出力特性，クリップポイント，ひずみの原因，ひずみ率

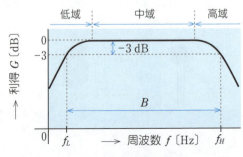

周波数特性

2.1 簡単な増幅回路

トランジスタ1個と数個の抵抗やコンデンサの部品があれば，簡単な増幅回路を作ることができる。ここでは，簡単な増幅回路を例にして，増幅の基本的なしくみについて学ぶ。

1 増幅のしくみ

1 増幅の原理

小さな信号をトランジスタやFETを用いて，振幅の大きな信号にすることを**増幅**といい，増幅を行う回路を増幅回路という。

増幅回路は，図2.1のように，直流電源から供給される電気エネルギーを制御することにより，小さな振幅の信号を大きな振幅の信号に変換している。

増幅回路は，取り扱う信号の振幅や周波数によって表2.1のように分類される。

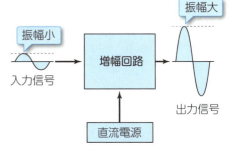

図2.1 増幅の原理

表2.1 増幅回路の分類

	増幅回路	取り扱う信号
振幅	小信号増幅回路	小さな電圧の増幅
	電力増幅回路	スピーカが鳴るほどの大きな電力を扱う増幅
周波数	直流増幅回路	直流や非常に低い周波数
	低周波増幅回路	音声や音楽などの周波数
	高周波増幅回路	ラジオ・テレビジョン放送などの無線放送の周波数

2 増幅回路の基本

音声などの信号は，＋－が時間とともに変化する交流信号である。トランジスタは，1方向にしか電流を流すことができないため，図2.2のように，交流信号をそのまま増幅することができない。

そこで，交流信号に直流分を加え，直流電圧が変化する信号にして増幅することで，交流信号を増幅することができる。

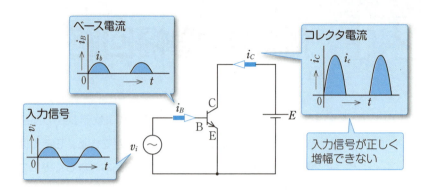

図 2.2　交流信号だけを増幅した場合の各部の波形

3 増幅の過程

図 2.3 は，npn 形トランジスタによる小信号増幅回路である。交流の入力信号 v_i に直流電圧 E_1 を加え，増幅を行っている状態の各部の波形を示している。

増幅の過程を信号の変化を追って考えてみよう。

1 交流電圧 v_i に直流電圧 E_1 を加える。

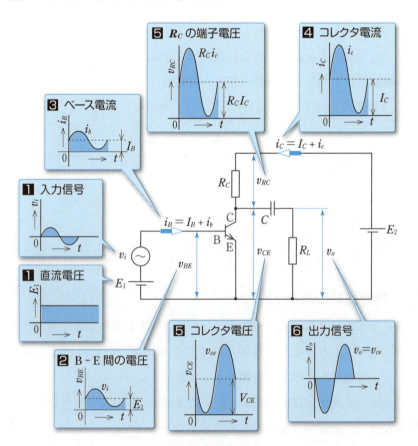

†1 図中の v_i, i_b, i_c, v_{ce}, v_o は交流成分だけの瞬時値を表す。

図 2.3　増幅回路の各部の波形[†1]

2 ベース-エミッタ間電圧 $v_{BE} = v_i + E_1$ が現れる。

3 v_{BE} が変化すると,トランジスタの特性から i_B が変化する。

4 i_B が変化すると,トランジスタの増幅作用により i_C が変化する。

5 i_C が変化すると,R_C の両端には,入力信号と同相の電圧が発生する。また,$v_{CE} = E_2 - R_C i_C$ から,C-E 間には位相の反転した v_{CE} が発生する。

6 コンデンサ C により直流分が取り除かれ,増幅された交流信号を取り出すことができる(位相は反転している)。

問 1 トランジスタの増幅回路において,入力信号の位相と出力信号の位相はどのような関係があるか答えなさい。

2 増幅回路の構成

1 増幅の観測

図 2.4(a)は,トランジスタ 1 個と抵抗,コンデンサで作った増幅

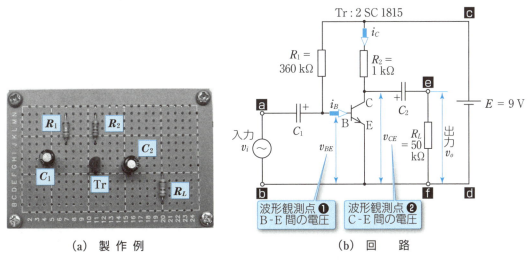

(a) 製作例　　　　　　　　　(b) 回路

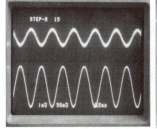

(c) 入力 v_i と出力 v_o

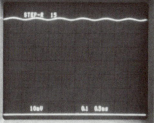

(d) 波形観測点 ❶

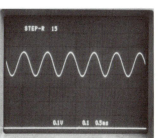

(e) 波形観測点 ❷

図 2.4　簡単な増幅回路

回路の製作例であり，図（b）はその回路図である。マイクロホンなどで得られる音声信号の電圧を約150倍増幅できる。

図2.3では，直流電源を二つ使用しているが，実際にはあまり利用されていない。この回路では，R_1とC_1を追加することにより，コレクタ側の直流電源を共用できるようにしている。

どのようにして増幅が行われるのかを考えるために，トランジスタのB-E間（波形観測点❶）とC-E間（波形観測点❷）にオシロスコープを接続し，電子電圧計を入力（a-b間）と出力（e-f間）に接続する。そして，入力信号がないときとあるときの二つの場合について，B-E間の電圧v_{BE}，C-E間の電圧v_{CE}，交流入力電圧v_i，交流出力電圧v_oを観測してみよう。

（a）　**入力信号がないとき**（交流入力電圧　$V_i = 0\,\mathrm{V}$）

図2.5は，$V_i = 0\,\mathrm{V}$のときの観測の結果である。

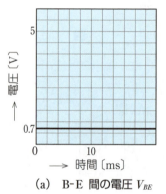
(a)　B-E 間の電圧 V_{BE}

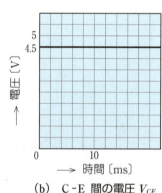
(b)　C-E 間の電圧 V_{CE}

図2.5　$V_i = 0\,\mathrm{V}$のときの観測波形

交流出力電圧V_oは0 Vであるが，トランジスタには，つぎのような直流の電圧，電流が与えられている。

$$V_{BE} = 0.7\,\mathrm{V}$$

$$I_B = \frac{E - V_{BE}}{R_1} = 23\,\mu\mathrm{A}$$

$$V_{CE} = 4.5\,\mathrm{V}$$

$$I_C = \frac{E - V_{CE}}{R_2} = 4.5\,\mathrm{mA}$$

†1 正弦波交流の最大値 $= \sqrt{2} \times$ 実効値

（b）　**入力信号があるとき**（実効値　$V_i = 5\,\mathrm{mV}$，最大値　約7 mV）[†1]

図2.6は，交流入力電圧$V_i = 5\,\mathrm{mV}$のときの観測の結果である。B-E間の電圧v_{BE}は，0.7 Vを中心として交流入力信号v_iの変化に応じて増減している。C-E間の電圧v_{CE}は，4.5 Vを中心に最大値1.1 Vの変化をしている。

出力電圧V_oは0.78 Vで，これはv_{CE}の変化分の電圧（実効値）に等しい。

この観測の結果から，この回路では，交流入力電圧$V_i = 5\,\mathrm{mV}$を加えたことによって，R_Lの両端に出力電圧$V_o = 780\,\mathrm{mV}$が得られ，$\dfrac{780}{5} = 156$倍の増幅が行われたことになる。

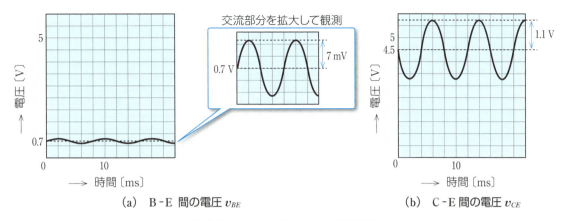

(a) B-E 間の電圧 v_{BE}

(b) C-E 間の電圧 v_{CE}

図 2.6　$V_i = 5\,\mathrm{mV}$ のときの観測波形

2 直流回路

1　「増幅のしくみ」で学んだように，増幅回路を動作させるには，入力電圧が加わらなくても，トランジスタに直流の電圧，電流を加えなければならない。

この電圧，電流をそれぞれ，**バイアス電圧**[†1]，**バイアス電流**[†2] といい，両者併せて単に**バイアス**[†3] ともいう。

バイアスがどのような回路によって与えられるかは，直流だけが流れる回路を描けばわかる。この回路を増幅回路の**直流回路**[†4] または**バイアス回路**[†5] という。

図 2.7 は，図 2.4 に示した増幅回路のバイアス回路である。このバイアス回路を**固定バイアス回路**[†6] という。

†1 bias voltage
†2 bias current
†3 bias
†4 direct-current circuit
†5 bias circuit
†6 バイアス回路は，増幅回路の安定した動作のために大切であり，いくつかの種類がある。詳しくは 2.4 節「バイアス回路」で学ぶ。

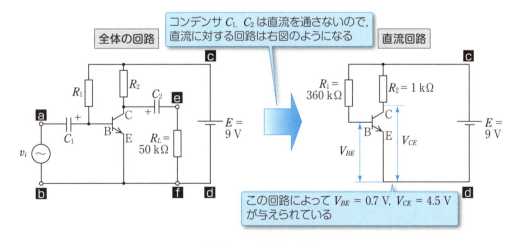

図 2.7　バイアス回路

3 交流回路

（a） 入力回路

入力電圧 v_i は交流の信号であるので，バイアスである V_{BE} に重ねて加えなければならない。例に示した増幅回路では，図 2.8 に示すように，コンデンサ C_1 に V_{BE} を充電することによってこの働きをさせている。

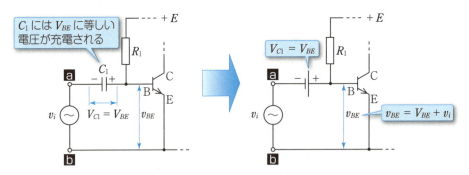

図 2.8 入力信号が加わるとき

（b） 出力回路

出力電圧 v_o は，バイアス V_{CE} に重なっている交流分 v_{ce} だけを取り出すことによって得られる。この働きは，図 2.9 に示すように，コンデンサ C_2 に V_{CE} を充電することによって行われる。

また，C_1，C_2 のコンデンサを**結合コンデンサ**[†1] という。

[†1] coupling capacitor

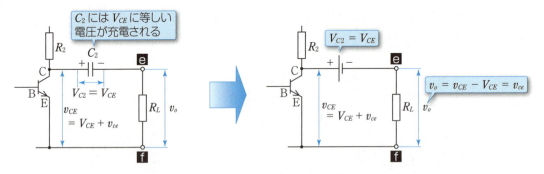

図 2.9 出力が取り出される様子

（c） 交流回路

このようにして入力が加えられ，出力が取り出されるが，これらの信号，すなわち交流分の電圧や電流を調べるには，交流だけが流れる回路を描くとわかりやすい。

交流回路を描くには，直流電源は交流を通すので短絡し，コンデンサは信号周波数においてインピーダンスは十分小さいので短絡して考える。

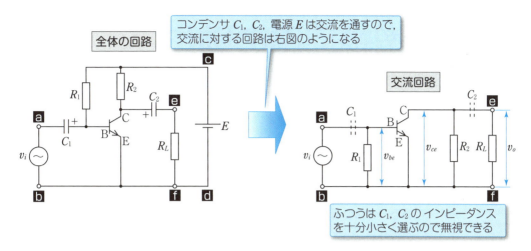

図 2.10 交流回路

図 2.10 は交流だけが流れる回路を示したもので,この回路を増幅回路の**交流回路**[†1] という。

[†1] alternating-current circuit

交流回路によれば,v_i は v_{be} に,v_{ce} は v_o になり,入力と出力の関係も理解しやすくなる。

このように,増幅回路の動作を調べるときには,直流回路と交流回路に分けて考えることが大切である。

問 2 バイアスとはなにか説明しなさい。

問 3 図 2.4 の回路の直流電流増幅率 h_{FE} を求めなさい。

2.2 増幅回路の動作

　図2.4で示した増幅回路のバイアスや増幅度を，電気基礎で学んだ理論や1章で学んだトランジスタの特性を利用して求めてみよう。増幅回路は，直流と交流が混合した回路であるから，「直流動作の上に交流動作が重なっている」という考え方をする。この考え方は，後の増幅回路の設計や，いろいろな電子回路の動作を考えるときの基本となる。

1 バイアスの求め方

1 特性図を使った求め方

　2.1節で例に取り上げた増幅回路の直流回路は，**図2.11**の回路である。いま，この回路に用いているトランジスタの特性を**図2.12**として，I_B，V_{BE}，I_C，V_{CE}を求めてみよう。

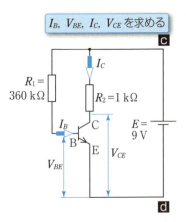
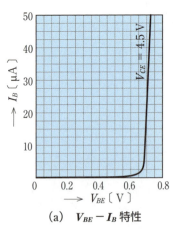
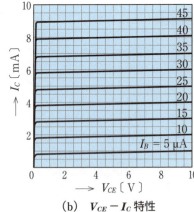

図2.11　直流回路（バイアス回路）　　　図2.12　トランジスタの特性

（a）　V_{BE}とI_B

　図2.11のトランジスタのB-E間の電圧V_{BE}とベース電流I_Bは，回路の電圧と電流の関係（キルヒホッフの第2法則[†1]）とV_{BE}-I_B特性を利用して，つぎのように求めることができる。

　❶　V_{BE}とI_Bは，それぞれ図2.12（a）のV_{BE}-I_B特性曲線上の値で

[†1] 閉回路において，発生する起電力の総和と電圧降下の総和が等しい。

なければならない。

2　V_{BE} と I_B に関連した図2.13の閉回路①に，キルヒホッフの第2法則をあてはめると，次式が成り立つ。

$$E = R_1 I_B + V_{BE}$$

変形するとベース電流 I_B は

（ベース電流）　　$I_B = -\dfrac{1}{R_1} V_{BE} + \dfrac{E}{R_1}$　〔A〕

(2.1)

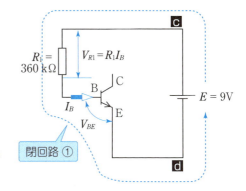

図2.13　V_{BE} と I_B を求める回路

数値を入れて整理するとつぎのようになる。

$$I_B = -\dfrac{1}{360} V_{BE} + \dfrac{9}{360} \quad \text{〔mA〕}$$

また，電流を〔μA〕で表せば，上式を1 000倍することにより，次式のようになる。

$$I_B = -2.78\, V_{BE} + 25 \quad \text{〔μA〕} \tag{2.2}$$

式（2.2）の関係をグラフで表すと，図2.14の直線になる。すなわち，求める V_{BE} と I_B は，この直線上の値でなければならない。

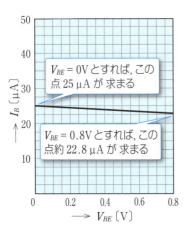

図2.14　$I_B = -2.78\, V_{BE} + 25$〔μA〕のグラフ

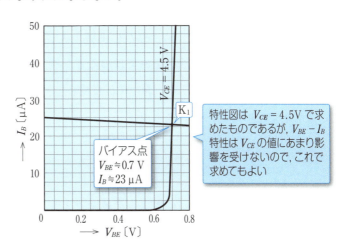

図2.15　V_{BE} と I_B を求める図

1と**2**の両方を考えれば，結局 V_{BE} と I_B は，図2.15のように，図2.12（a）と図2.14を重ね合わせたときの交点 K_1 として求めることができ，つぎのようになる。

$$V_{BE} = 0.7\,\text{V}, \quad I_B = 23\,\text{μA}$$

（b） V_{CE} と I_C

トランジスタのC-E間の電圧 V_{CE}，コレクタ電流 I_C も，V_{BE}，I_B と同様に，回路の電圧，電流の関係（キルヒホッフの第2法則）と，V_{CE} - I_C 特性を利用して，つぎのように求めることができる。

① V_{CE} と I_C は，図 2.12（b）の V_{CE} - I_C 特性の $I_B = 23\,\mu\text{A}$ で求めた特性曲線上の値でなければならない。この特性だけを描くと図 2.16 のようになる。

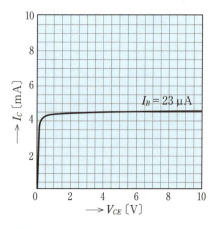

図 2.16　$I_B = 23\,\mu\text{A}$ のときの V_{CE} - I_C　　　図 2.17　V_{CE} と I_C を求める回路

② V_{CE} と I_C に関連した図 2.17 の閉回路②に，キルヒホッフの第2法則をあてはめると，次式が成り立つ。

$$E = R_2 I_C + V_{CE}$$

変形するとコレクタ電流 I_C は

（コレクタ電流）　　$I_C = -\dfrac{1}{R_2} V_{CE} + \dfrac{E}{R_2}$　〔A〕　　　　(2.3)

数値を入れて整理すると

$$I_C = -V_{CE} + 9 \quad [\text{mA}] \tag{2.4}$$

式 (2.4) の関係をグラフで表すと，図 2.18 の直線になる。すなわち，求める V_{CE} と I_C は，この直線上の値でなければならない。この直線は直流の負荷 R_2 によって変化するので，**直流負荷線**[†1] という。

†1 DC load line

①と②から V_{CE} と I_C は，図 2.19 のように，図 2.16 と図 2.18 を重ね合わせた交点 P_1 として求めることができ，グラフからつぎのようになる。

$$V_{CE} = 4.5\,\text{V}, \quad I_C = 4.5\,\text{mA}$$

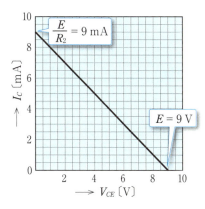

図 2.18　$I_C = -V_{CE} + 9$〔mA〕のグラフ

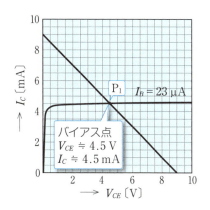

図 2.19　V_{CE} と I_C を求める図

以上のようにしてバイアスが求められるが，そのバイアスは，図 2.15 の K_1 および図 2.19 の P_1 のように，特性曲線上の点として表すことができ，交流動作は，この点を中心にして行われる。このことから，この点を**動作点**[†1] という。

†1 operating point

例題 1

図 2.20（a）の回路で $I_C = 2\,\text{mA}$ にするには，R_1 をいくらにすればよいか求めなさい。また，そのときの I_B，V_{BE}，V_{CE} を求めなさい。ただし，トランジスタの特性は図（b）とする。

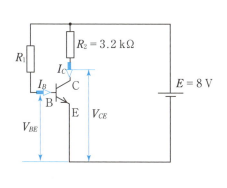

(a) 回　路

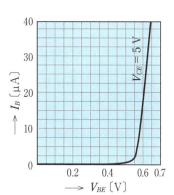

(b) トランジスタの特性

図 2.20

解　答　図 2.20（b）の $V_{CE}\text{-}I_C$ 特性から，$I_C = 2\,\text{mA}$ にするには

$I_B = \underline{12\,\mu\text{A}}$

にすればよい。つぎに，図 2.20（b）の $V_{BE}\text{-}I_B$ 特性から

V_{BE} は約 $\underline{0.57\,\text{V}}$

R_1 は

$$E = R_1 I_B + V_{BE}$$

から

$$R_1 = \frac{E - V_{BE}}{I_B} = \frac{8 - 0.57}{12 \times 10^{-6}} = 619 \times 10^3 = \underline{619 \text{ k}\Omega}$$

V_{CE} は

$$E = R_2 I_C + V_{CE}$$

から

$$V_{CE} = E - R_2 I_C = 8 - 3.2 \times 10^3 \times 2 \times 10^{-3} = \underline{1.6 \text{ V}}$$

問 4 図 2.20（a）の回路で $I_C = 1 \text{ mA}$ にするには，R_1 をいくらにすればよいか求めなさい。また，そのときの I_B，V_{BE}，V_{CE} を求めなさい。ただし，トランジスタの特性は図（b）とする。

2 V_{BE} と h_{FE} を使った求め方

トランジスタが増幅作用をしている状態では，B-E 間の電圧 V_{BE} はほぼ 0.4～0.8 V である。また，I_C と I_B の比，すなわち直流電流増幅率 h_{FE} は，実験で簡単に求めたり，規格表から知ることができる。

この V_{BE} と h_{FE} の二つを使ってバイアスは簡単に求めることができる。

図 2.21 のバイアス回路において，トランジスタの V_{BE} を 0.7 V，h_{FE} を 200 としてバイアスを求めてみよう。

（a）V_{BE} と I_B

図 2.21 の閉回路①において，キルヒホッフの第 2 法則をあてはめると

$$E = R_1 I_B + V_{BE}$$

であるから

$$E = 9 \text{ V}, \quad V_{BE} = 0.7 \text{ V}, \quad R_1 = 360 \text{ k}\Omega$$

をあてはめ，I_B を求めると

$$I_B = \frac{E - V_{BE}}{R_1} = \frac{9 - 0.7}{360 \times 10^3} = 23.1 \times 10^{-6} \text{ A} = 23.1 \text{ μA}$$

したがって，バイアスは $V_{BE} = 0.7 \text{ V}$，$I_B = 23.1 \text{ μA}$ となる。

（b）V_{CE} と I_C

直流電流増幅率 h_{FE} は I_C と I_B の比であるので，$h_{FE} = \dfrac{I_C}{I_B}$ から

$$I_C = h_{FE} I_B$$

となる。$h_{FE} = 200$ であるから

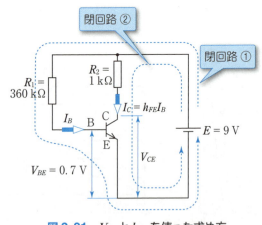

図 2.21 V_{BE} と h_{FE} を使った求め方

$I_C = 200 \times 23.1 \times 10^{-6} = 4.6 \times 10^{-3}$ A $= 4.6$ mA

図2.21の閉回路②において，キルヒホッフの第2法則をあてはめると

$E = R_2 I_C + V_{CE}$

したがって

$V_{CE} = E - R_2 I_C = 9 - 1 \times 10^3 \times 4.6 \times 10^{-3} = 4.4$ V

よって，$V_{CE} = 4.4$ V，$I_C = 4.6$ mA となる。

問 5 図2.22のバイアス回路において，I_B，I_C，V_{CE} を求めなさい。ただし，トランジスタの $h_{FE} = 180$，$V_{BE} = 0.7$ V とする。

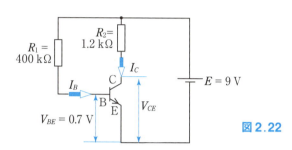

図2.22

2 増幅度の求め方

1 増幅度

入力信号の大きさに対して出力信号の大きさがどのくらい増幅したかを表す方法として**増幅度**[†1]がある。

†1 amplification degree

図2.23は，電圧，電流を実効値で表した増幅回路で，入力電圧 V_i が加わって出力電圧 V_o が生じた場合，この入力電圧 V_i と出力電圧 V_o の比を**電圧増幅度**，入力電流 I_i と出力電流 I_o の比を**電流増幅度**，入力電力 P_i と出力電力 P_o の比を**電力増幅度**といい，それぞれつぎのように表される。

図2.23 増幅回路

$$（電圧増幅度）\quad A_V = \frac{V_o}{V_i} \tag{2.5}$$

$$（電流増幅度）\quad A_I = \frac{I_o}{I_i} \tag{2.6}$$

$$（電力増幅度）\quad A_P = \frac{P_o}{P_i} = \frac{V_o I_o}{V_i I_i} = A_V A_I \tag{2.7}$$

ここで，入力電力 P_i と出力電力 P_o は

$P_i = V_i I_i$, $P_o = V_o I_o$

である。

2 特性図を使った求め方

図 2.4 に取り上げた増幅回路の電圧増幅度は,約 150 倍であった。この電圧増幅度を,特性図を利用して求めてみよう。

(a) ベース-エミッタ間電圧 V_{BE} の変化

図 2.24 (a) は入力側の回路を表している。v_{BE} は,入力信号 v_i にバイアスが加わっているので,次式に従って変化する。

$$v_{BE} = V_{BE} + v_i$$

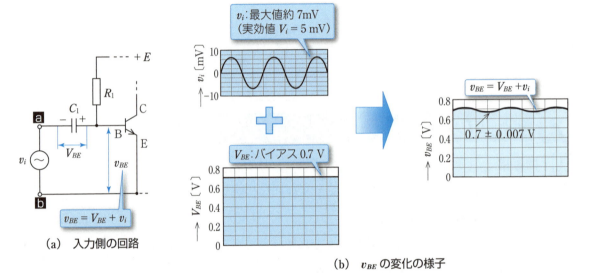

(a) 入力側の回路　　　(b) v_{BE} の変化の様子

図 2.24　入力側の電圧 v_{BE} の変化

いま,$V_{BE} = 0.7\,\mathrm{V}$,v_i は最大値 $7\,\mathrm{mV}$ の電圧であるから,v_{BE} の変化の様子は図 (b) のようになる。

(b) ベース電流 i_B の変化

v_{BE} が図 2.24 (b) のように変化すれば,それに応じたベース電流 i_B は,図 2.25 のように K_2-K_3 の間を変化する。すなわち,バイアス電流 $I_B = 23\,\mu\mathrm{A}$ を中心にして $\pm 6\,\mu\mathrm{A}$ 変化する。

(c) 交流負荷線

出力側の交流回路を描くと図 2.26 になる。この回路では,交流分 v_{ce},i_c の間には,キルヒホッフの第2法則により次式が成り立つ。た

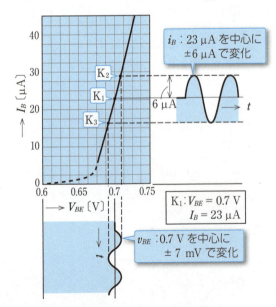

V_{BE}-I_B 特性は V_{BE} 軸方向を拡大してある

図 2.25　v_{BE} と i_B の関係

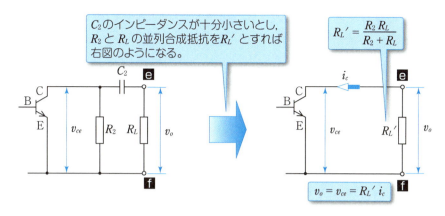

図 2.26 出力側の交流回路

だし，R_L' は R_2 と R_L の並列合成抵抗値である。

$$v_{ce} + R_L' i_c = 0$$

よって

$$i_c = -\frac{1}{R_L'} v_{ce}$$

$R_2 = 1\,\text{k}\Omega$，$R_L = 50\,\text{k}\Omega$ のとき $R_L' = 0.98\,\text{k}\Omega$ になるが，これはほぼ 1 kΩ とみなせるのでつぎのようになる。

$$i_c = -\frac{1}{1 \times 10^3} v_{ce}\,[\text{A}] = -v_{ce}\,[\text{mA}]$$

この関係をグラフに示せば，図 2.27 のように，原点を通り，傾き $-\dfrac{1}{R_L'} = -1$ の直線となる。

この原点は，交流分 = 0 のときの点である。つまり，動作点である。したがって，交流，直流を合わせた全体の v_{CE}, i_C は，図 2.28 に示すよう

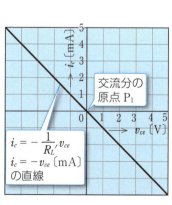

図 2.27 v_{ce} と i_c の関係を表す直線

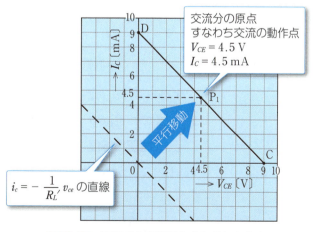

図 2.28 直流分と交流分を合わせたときの関係を示す直線（交流負荷線）

に，この原点を動作点である $V_{CE}=4.5\,\mathrm{V}$，$I_C=4.5\,\mathrm{mA}$ に平行移動した直線上の値をとる。

この直線は交流に対する負荷 R_L' によって決まるので，**交流負荷線**[†1] という。

†1 AC load line

この回路では，直流負荷線とほとんど同じになるが，一般には，直流負荷線は R_2 の値で決まり，交流負荷線は，R_L と R_2 の値で決まるため一致しない。

（d）**コレクタ-エミッタ間電圧 v_{CE} とコレクタ電流 i_C の変化**

入力が加わったとき，交流負荷線上のどの範囲で変化するかは i_B の変化で決まる。i_B は前に求めたように，バイアスの $I_B=23\,\mathrm{\mu A}$ を中心に $\pm 6\,\mathrm{\mu A}$ の変化をするから，それに応じて v_{CE}，i_C は，図 **2.29** のように，P_1 を中心に，$P_2 - P_3$ の間を変化する。

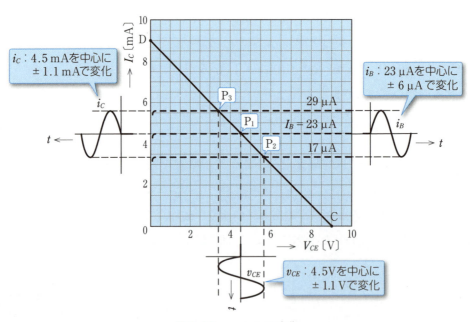

図 **2.29** v_{ce} と i_c の変化

すなわち，v_{CE} は，バイアス電圧の $4.5\,\mathrm{V}$ を中心に $\pm 1.1\,\mathrm{V}$ 変化し，i_C は，バイアス電流の $I_C=4.5\,\mathrm{mA}$ を中心に $\pm 1.1\,\mathrm{mA}$ 変化する。

（e）**電圧増幅度**

以上のことから，特性図を利用して求める電圧増幅度はつぎのようになる。

入力電圧　$v_i = v_{be} = 7\,\mathrm{mV}$　（最大値）

出力電圧　$v_o = v_{ce} = 1.1\,\mathrm{V}$　（最大値）

電圧増幅度　$A_V = \dfrac{v_o}{v_i} = \dfrac{v_{ce}}{v_{be}} = \dfrac{1.1}{7 \times 10^{-3}} = 157$

この結果は，2.1節の 2 「増幅回路の構成」に示した実験による電圧増幅度とほぼ一致する。

問 6 図2.30（a）の回路の電圧増幅度 A_V を求めなさい。ただし，トランジスタは図2.20の場合と同じものとし，$V_{BE} = 0.59$ V とする。また，図（b）に，部分的に拡大した $V_{BE} - I_B$ 特性を示す。

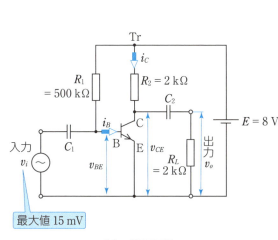
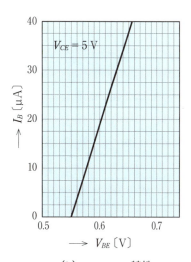

（a）増幅回路　　　　　　　　　　（b）$V_{BE} - I_B$ 特性

図2.30

3　h_{ie} と h_{fe} を使った求め方

電圧増幅度は，h_{ie}[†1] と h_{fe}[†2] がわかっていれば求めることができる。いま，なんらかの方法[†3]で $h_{ie} = 1.5$ kΩ，$h_{fe} = 220$ が求められたとして，電圧増幅度を求めてみよう。

†1 入力インピーダンス
†2 電流増幅率
†3 hパラメータ測定器や規格表を使って求められる。

図2.31（a）から，入力電圧 v_i によるベース-エミッタ間電圧の変化 v_{be} は

$v_{be} = v_i = 7$ mV　（最大値）

v_{be} によるベース電流の変化 i_b は，図（b）から

$i_b = \dfrac{v_{be}}{h_{ie}} = \dfrac{v_i}{h_{ie}} = \dfrac{7 \times 10^{-3}}{1.5 \times 10^3} = 4.67 \times 10^{-6}$ A $= 4.67$ μA　（最大値）

i_b によるコレクタ電流の変化 i_c は，図（d）から

$i_c = h_{fe} i_b = 220 \times 4.67 \times 10^{-6} = 1.03 \times 10^{-3}$ A $= 1.03$ mA　（最大値）

i_c によるコレクタ-エミッタ間電圧の変化 v_{ce} は，図（c）から

$v_{ce} = R_L{'} i_c = 1 \times 10^3 \times 1.03 \times 10^{-3} = 1.03$ V

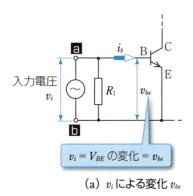

(a) v_i による変化 v_{be}

(b) v_{be} による変化 i_b

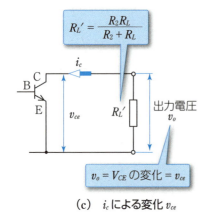

(c) i_c による変化 v_{ce}

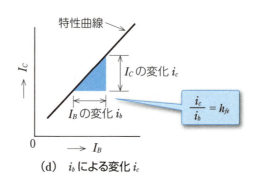

(d) i_b による変化 i_c

図2.31 電圧,電流の変化と h_{ie}, h_{fe}

よって,出力電圧 v_o は v_{ce} であるから

$$v_o = v_{ce} = 1.03\,\text{V} \quad (\text{最大値})$$

したがって,電圧増幅度 A_V は

$$A_V = \frac{v_o}{v_i} = \frac{v_{ce}}{v_{be}} = \frac{1.03}{7 \times 10^{-3}} = 147$$

となる。

問 7 図2.30の回路において,トランジスタが $h_{ie} = 2\,\text{k}\Omega$, $h_{fe} = 120$ のとき,電圧増幅度 A_V を求めなさい。

4 増幅度の〔dB〕(デシベル) 表示

いままで増幅度は〔倍〕で表してきたが,一般に対数を使って次式で換算して表すことが多く,これを**利得**[†1]という。利得の単位には**デシベル**〔dB〕が使われる。

†1 gain

†2 対数の計算
$M = 10^r$
$r = \log_{10} M$

(電圧利得) $\quad G_V = 20 \log_{10} A_V \ \ 〔\text{dB}〕$[†2] $\quad$ (2.8)

(電流利得) $\quad G_I = 20 \log_{10} A_I \ \ 〔\text{dB}〕 \quad$ (2.9)

(電力利得) $\quad G_P = 10 \log_{10} A_P \ \ 〔\text{dB}〕 \quad$ (2.10)

また，電力増幅度 $A_P = A_V \times A_I$ であるので，電力利得 G_P は

$$G_P = 10 \log_{10}(A_V \times A_I) = 10 \log_{10} A_V + 10 \log_{10} A_I$$

となり

$$G_P = \frac{20 \log_{10} A_V + 20 \log_{10} A_I}{2} = \frac{G_V + G_I}{2} \tag{2.11}$$

の関係がある。

増幅度を利得〔dB〕で表すと，つぎのような便利なことがある。

図 2.32 のように，何段にも増幅するとき，全体の利得 G〔dB〕は，各段の利得 G_1, G_2, …, G_n〔dB〕の和で求めることができる。

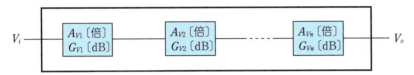

全体の増幅度　$A_V = A_{V1} \times A_{V2} \times \cdots \times A_{Vn}$〔倍〕
全体の利得　　$G_V = G_{V1} + G_{V2} + \cdots + G_{Vn}$〔dB〕

図 2.32　多段増幅回路の増幅度と利得

つぎに，なぜ対数の 20 倍，10 倍にするのかについて学ぼう。

一般に，倍数で表した電力増幅度の対数をとった数値は〔B〕（ベル）で表す。

しかし，一般に〔B〕で表すと数値が小さくなるので，数値を 10 倍し，〔B〕の $\frac{1}{10}$ の単位である〔dB〕が用いられる。

また，電力 P は電圧 V や電流 I と，$P = \frac{V^2}{R}$ あるいは $P = RI^2$ という 2 乗に比例する関係[†1]にあるので

$$G_V = 20 \log_{10} A_V \quad 〔dB〕 \tag{2.12}$$

$$G_I = 20 \log_{10} A_I \quad 〔dB〕 \tag{2.13}$$

とすればよい。

問 8　つぎの〔倍〕で表した電圧増幅度を電圧利得〔dB〕に直しなさい。

（1）1 倍　（2）2 倍　（3）4 倍　（4）10 倍　（5）20 倍
（6）40 倍　（7）100 倍

問 9　つぎの〔dB〕で表した電圧利得を電圧増幅度〔倍〕に直しなさい。

（1）18 dB　（2）24 dB　（3）26 dB　（4）34 dB
（5）52 dB

[†1]
$$G_P = 10 \log_{10} \frac{P_o}{P_i}$$
$$= 10 \log_{10} \frac{RI_o^2}{RI_i^2}$$
$$= 10 \log_{10} \left(\frac{I_o}{I_i}\right)^2$$
$$= 20 \log_{10} \frac{I_o}{I_i}$$

例題 2

図 2.33 のように，入力電圧 0.4 mV で，出力 1 V が得られる増幅回路を作るには，電圧増幅度 80 倍の回路が何段必要か求めなさい。

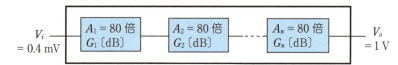

図 2.33　多段増幅回路

解答

必要な電圧利得　　$G = 20 \log_{10} A = 20 \log_{10} \dfrac{1}{0.4 \times 10^{-3}} = 67.96$ dB

1 段の電圧利得　　$G_1 = 20 \log_{10} A_1 = 20 \log_{10} 80 = 38.06$ dB

必要な段数を n とすれば　　$n = \dfrac{G}{G_1} = \dfrac{67.96}{38.06} = 1.79$

したがって，2 段あればよい。

問 10　入力電圧 0.5 mV で，出力 2 V が得られる増幅回路を作るには，電圧増幅度 50 倍の回路が何段必要か求めなさい。

2.3 トランジスタの等価回路とその利用

増幅回路などトランジスタを含む回路の特性は，回路中のトランジスタ部分を同等の働きをする別の電気回路に置き換えることによって，回路計算で求めることができる。このトランジスタと同等の働きを表す回路をトランジスタの等価回路という。ここでは，まず等価回路がどのような回路になるのかを学び，つぎにその等価回路を利用した増幅回路の特性の求め方を学ぶ。

1 トランジスタの等価回路

1 h パラメータによる等価回路

図 2.34（a）は増幅回路の交流回路である。この回路のトランジスタ部分の働きを，図（b）のように一つの電気回路すなわち**等価回路**[†1] に直してみよう。

†1 equivalent circuit

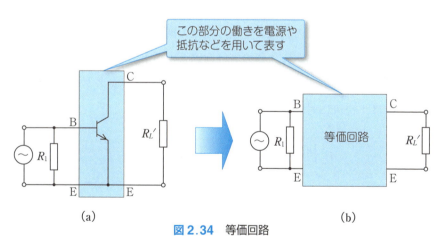

図 2.34　等価回路

（a）入力側の働きを電気回路に直す

増幅回路の入力側（ベース側）では，ベース電流 I_B とベース–エミッタ間電圧 V_{BE} は，図 2.35 に示すように，動作点 K_1 を中心に変化した。

図から，交流分 v_{be} と i_b だけに注目すれば

$$\frac{v_{be}}{i_b} = \frac{\overline{K_3 A}}{\overline{K_2 A}} = \frac{\Delta V_{BE}}{\Delta I_B} = h_{ie}$$

である。v_{be}，i_b の実効値をそれぞれ V_{be}，I_b とすれば，つぎの式が成り立つ。

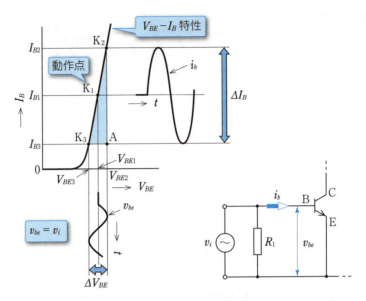

図 2.35 v_{be} と i_b の関係

$$\frac{V_{be}}{I_b} = h_{ie}$$

したがって

（入力電圧）　　$V_{be} = h_{ie} I_b$ 　　　　　　　　(2.14)

式 (2.14) は入力側の交流の電圧，電流の関係を表しているので，この式が成り立つ電気回路が入力側の等価回路となる。

図 2.36 がその等価回路である。すなわち，トランジスタのベース-エミッタ間は，交流に対して h_{ie} の抵抗に等しい。

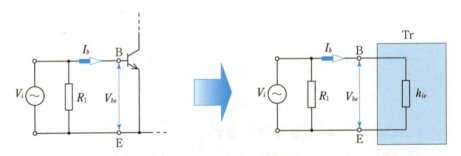

図 2.36 入力側の等価回路

（b）出力側の働きを電気回路に直す

出力側（コレクタ側）では，v_{CE} と i_C は，図 2.37 に示すように，動作点 P_1 を中心に変化する。

図から，交流分だけに注目すれば次式が成り立つ。

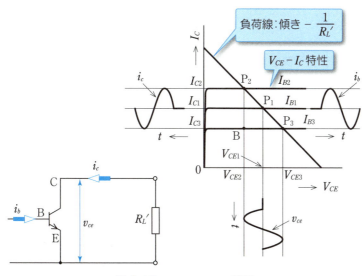

図 2.37 v_{ce}, i_c, i_b の関係

$$\frac{v_{ce}}{i_c} = \frac{\overline{P_3 B}}{\overline{P_2 B}} \tag{2.15}$$

また，$v_{ce} = R_L' i_c$ であるから，$\dfrac{\overline{P_3 B}}{\overline{P_2 B}} = R_L'$ となる。

さらに，$\dfrac{i_c}{i_b} = \dfrac{\Delta I_C}{\Delta I_B} = h_{fe}$ であるから，この関係を用いて式 (2.15) を整理すると

$$v_{ce} = R_L' h_{fe} i_b$$

となり，さらに v_{ce}, i_b の実効値をそれぞれ V_{ce}, I_b とすれば次式となる。

（出力電圧）　　$V_{ce} = R_L' h_{fe} I_b$ 　　　　　　(2.16)

これは出力側の交流の電圧，電流の関係を表しているので，この式が成り立つ電気回路が出力側の等価回路となる。

図 2.38 がその等価回路である。すなわち，トランジスタのコレクタ–

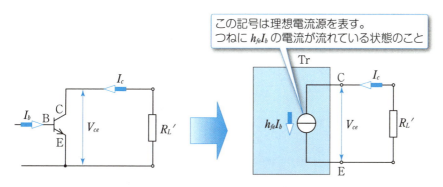

図 2.38　出力回路の等価回路

エミッタ間は，交流については，$h_{fe}I_b$ の電流を負荷 R_L' に流す回路に等しい。

（c） トランジスタ全体の等価回路

図 2.36 と図 2.38 を一つにまとめれば図 2.39 となり，この回路がトランジスタ全体の等価回路である。この等価回路は h パラメータを用いているので，**h パラメータによる等価回路**という。

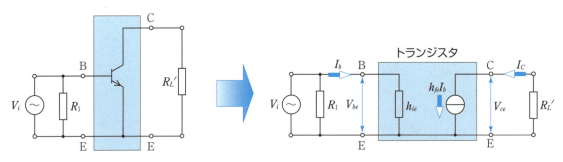

図 2.39 h パラメータによる等価回路

問 11 トランジスタの h パラメータが $h_{ie} = 500\,\Omega$, $h_{fe} = 120$ であるときの h パラメータによる等価回路を描きなさい。また，$V_{be} = 0.05\,\mathrm{V}$ のときの I_b と I_c を求めなさい。

2 等価回路を用いるときの注意

図 2.39 に示した等価回路は，図 2.40 に示すように

① $h_{re}^{\dagger 1} = 0$，すなわち $V_{BE} - I_B$ 特性が V_{CE} によって変化しない。

② $h_{oe}^{\dagger 2} = 0$，すなわち $V_{CE} - I_C$ 特性において，I_C は V_{CE} によって変化しない。

この二つの条件で求めた等価回路であり，**簡易等価回路**という。

†1 電圧帰還率
$$h_{re} = \frac{\Delta V_{BE}}{\Delta V_{CE}}$$

†2 出力アドミタンス
$$h_{oe} = \frac{\Delta I_C}{\Delta V_{CE}}$$

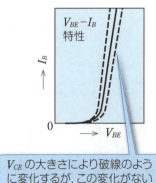
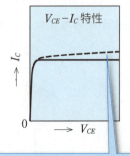

V_{CE} の大きさにより破線のように変化するが，この変化がないと考えると $h_{re} = 0$ になる

V_{CE} の大きさにより I_C は破線のように少しずつ増加するが，この変化がないと考えると $h_{oe} = 0$ になる

図 2.40 簡易等価回路の条件

これに対し，h_{re}，h_{oe} を無視しないで求めた等価回路は，図 2.41（b），（c）のようになる。

これらの等価回路の中で，図（c）の回路を用いなければならない場合は少ない。

また，図（b）の等価回路は，R_L' と $\dfrac{1}{h_{oe}}$ とを比べて $\dfrac{1}{h_{oe}}$ が無視できない場合（$R_L' \ll \dfrac{1}{h_{oe}}$ でないとき）に用い[†1]，一般には図（a）の簡易等価回路を用いてよい。

†1 h_{oe} は出力アドミタンスであり，$1/h_{oe}$ は抵抗を表す。

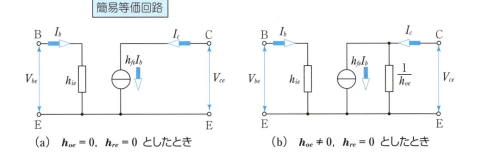

（a）$h_{oe}=0$，$h_{re}=0$ としたとき　　（b）$h_{oe} \neq 0$，$h_{re}=0$ としたとき

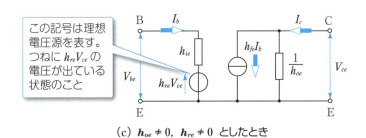

（c）$h_{oe} \neq 0$，$h_{re} \neq 0$ としたとき

図 2.41　h パラメータによる等価回路

等価回路を用いる場合には，この等価回路の選択のほかに，つぎの点にも注意しなければならない。

① 等価回路は，トランジスタの働きすべてを表したものではなく，交流に対するものである。

② v_{be}，i_b，v_{ce}，i_c の小さな変化に対してだけ用いることができる。

交流の大きな変化では，h パラメータが一定でなくなるため，等価回路は使用できなくなる。

③ h パラメータは動作点によって変化するので，その動作点での h パラメータを用いなければならない。

2 等価回路による特性の求め方

1 増幅度

図 2.42 は 2.2 節で取り上げた増幅回路である。この回路の増幅度を，等価回路を用いて求めてみよう。

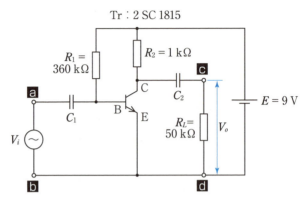

図 2.42 増幅回路

（a） h パラメータ

等価回路を用いて増幅度を求めるには，h パラメータが必要である。この h パラメータは，特性曲線の傾きから求めることができるが，I_C の値などで変化するので，一般に，h パラメータ測定器などを利用したり，図 2.43 のような規格表から求める。

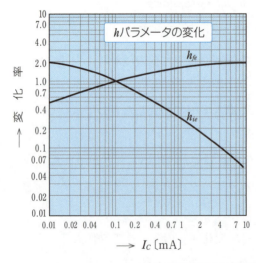

2 SC 1815 の h パラメータ

h_{ie}	h_{fe}	h_{oe}	h_{re}
16.5 kΩ	130	11.0 μS	$7×10^{-7}$
測定条件	$I_C = 0.1$ mA		$V_{CE} = 5$V

図 2.43 h パラメータ

図 2.43 から，図 2.42 の回路の動作点での h パラメータを求めてみよう。

動作点での I_C は 4.5 mA であった。I_C が 0.1 mA のときの h_{ie} は 16.5 kΩ であり，4.5 mA のときの h_{ie} の変化率は 0.09 となるので

$$h_{ie} = 16.5 \text{ kΩ} \times 0.09 = 1.49 \text{ kΩ}$$

となり，I_C が 0.1 mA のときの h_{fe} は 130 であり，4.5 mA のときの h_{fe} の変化率は 1.8 となるので

$$h_{fe} = 130 \times 1.8 = 234$$

となる。

（b） **交流回路の変換**

つぎに，交流回路の中のトランジスタ部分を等価回路に置き換えると，図 2.44 のようになる。

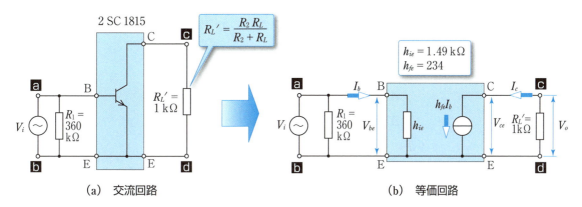

図 2.44 交流回路の変換

（c） **トランジスタの増幅度**

図 2.44（b）の回路からトランジスタの増幅度を求めると，つぎのようになる。

電圧増幅度 A_V は

$$V_o = V_{ce} = R_L' I_c = R_L' h_{fe} I_b$$

$$V_i = V_{be} = h_{ie} I_b$$

であるから，つぎのようになる。

（電圧増幅度） $$A_V = \frac{V_o}{V_i} = \frac{V_{ce}}{V_{be}} = \frac{R_L' h_{fe} I_b}{h_{ie} I_b} = \frac{R_L'}{h_{ie}} h_{fe} \quad (2.17)$$

電流増幅度 A_I は

$$I_o = I_c, \quad I_i = I_b$$

であるから

$$\text{(電流増幅度)} \quad A_I = \frac{I_o}{I_i} = \frac{I_c}{I_b} = h_{fe} \tag{2.18}$$

となり，A_I は電流増幅率 h_{fe} と等しくなる。

電力増幅度 A_P は

$$P_{oT}^{\dagger 1} = V_{ce}I_c, \qquad P_{iT}^{\dagger 2} = V_{be}I_b$$

†1 トランジスタ C-E 間の出力電力
†2 トランジスタ B-E 間の入力電力

であるから

$$\text{(電力増幅度)} \quad A_P = \frac{P_{oT}}{P_{iT}} = \frac{V_{ce}I_c}{V_{be}I_b} = A_V A_I \tag{2.19}$$

となる。

数値を入れて計算すればつぎのようになる。

$$A_V = \frac{1 \times 10^3}{1.49 \times 10^3} \times 234 = 157$$

$$A_I = h_{fe} = 234$$

$$A_P = 157 \times 234 = 36\,738$$

（d） 回路全体の増幅度

（c）で求めた増幅度 A_I，A_P は，トランジスタのベース-エミッタ間を入力，コレクタ-エミッタ間を出力とした場合のものであり，**図 2.45** に示すように，回路全体の電流増幅度 A_{I0} や電力増幅度 A_{P0} とは異なる。しかし，R_1，R_2，R_L が決まっていれば，A_I，A_P から A_{I0}，A_{P0} を求めることができる。

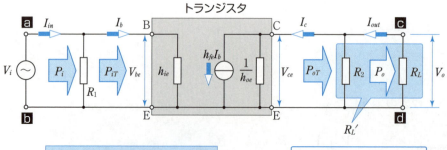

回路全体の電流増幅度 $A_{I0} = \dfrac{I_{out}}{I_{in}}$

回路全体の電力増幅度 $A_{P0} = \dfrac{P_o}{P_i}$

R_L が負荷
R_L' はトランジスタの負荷で，R_2 と R_L の合成抵抗

図 2.45 増 幅 度

例題 3

図 2.42 の回路の A_{I0}, A_{P0} を求めなさい。

解答 分流比から

$$I_{out} = \frac{R_2}{R_2 + R_L} I_c = \frac{1}{1+50} \times I_c = 0.0196\, I_c$$

$$I_b = \frac{R_1}{R_1 + h_{ie}} I_{in}$$

から

$$I_{in} = \left(1 + \frac{h_{ie}}{R_1}\right) I_b = \left(1 + \frac{1.49}{360}\right) I_b = 1.004\, I_b$$

$$A_{I0} = \frac{0.0196\, I_c}{1.004\, I_b} = 0.0195\, A_I = 0.0195 \times 234 = \underline{4.56}$$

$$A_{P0} = A_V A_{I0} = 157 \times 4.56 = \underline{716}$$

問 12 図 2.46(a) の回路(図 2.30 の回路と同じ)の A_V, A_I, A_P について、等価回路を用いて求めなさい。

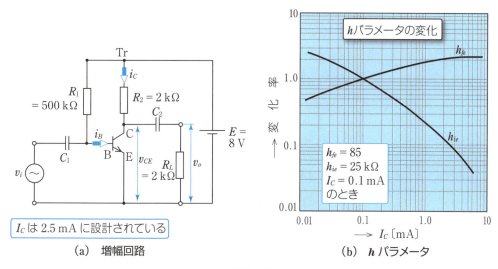

(a) 増幅回路 (b) h パラメータ

図 2.46

2 入出力インピーダンス

増幅回路において、トランジスタのベース-エミッタ間は、図 2.47 のように、入力側から見れば、負荷 Z_i が接続されているのと同じである。この負荷 Z_i をトランジスタの**入力インピーダンス**[†1] という。

また、コレクタ-エミッタ間は、負荷 R_L' から見れば、交流電源と同じである。この交流電源の持つ内部インピーダンス Z_o を、トランジスタの

[†1] input impedance 入力抵抗ともいう。

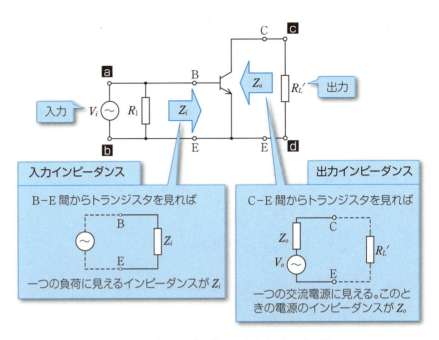

図 2.47　入力インピーダンスと出力インピーダンス

[†1] output impedance
出力抵抗ともいう。

出力インピーダンス[†1] という。

この Z_i, Z_o は，増幅度とともに増幅回路の大切な特性であり，等価回路を用いることによってつぎのように求められる。

（a）　入力インピーダンス Z_i

交流回路を等価回路で示すと図 2.48 のようになる。したがって，B-E 間を入力と見れば

（入力インピーダンス）　　$Z_i = h_{ie}$ 　　　　　　　　　　(2.20)

となる。図 2.44 の回路では，$h_{ie} = 1.49 \text{ k}\Omega$ であったから

$Z_i = 1.49 \text{ k}\Omega$

である。

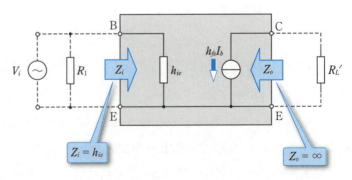

図 2.48　Z_i と Z_o

（b） 出力インピーダンス Z_o

図 2.48 から，Z_o は，C-E 間を出力と見れば，理想電流源 $h_{fe}I_b$ の内部インピーダンスであるが，理想電流源は，負荷の変動に関係なくつねに一定の電流が流れている電源であるから，内部インピーダンスは無限大（∞）と考えられる。したがって

（出力インピーダンス）　　$Z_o = \infty$　　　　　　　　　　(2.21)

となる。

（c） 回路全体の入出力インピーダンス

（a），（b）で学んできた Z_i，Z_o は，トランジスタの B-E 間，C-E 間を入力，出力としたときのインピーダンスであった。これに対し，入力端子 a b や，出力端子 c d から見た入出力インピーダンス Z_{i0}，Z_{o0} は，図 2.49 からわかるように，Z_i，Z_o からつぎの式によって求められる。ただし，$Z_o = \infty$ とする。

（回路全体の入力インピーダンス）　　$Z_{i0} = \dfrac{Z_i R_1}{Z_i + R_1}$　　　(2.22)

（回路全体の出力インピーダンス）　　$Z_{o0} = \dfrac{Z_o R_2}{Z_o + R_2} = R_2$　　(2.23)

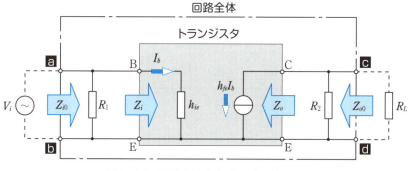

図 2.49　回路の入出力インピーダンス

問 13　図 2.42 の回路において，入力端子から見た入力インピーダンス Z_{i0} と，出力端子から見た出力インピーダンス Z_{o0} を求めなさい。

問 14　図 2.46（a）の回路の Z_i，Z_o，Z_{i0}，Z_{o0} を求めなさい。

（d） h_{oe}，h_{re} を考慮した場合の増幅度と入出力インピーダンス

いままで求めてきた入出力インピーダンスは，h_{oe} と h_{re} を考慮しないも

のである。また、表2.2は、h_{oe}, h_{re} を考慮した場合の A_V, A_I, Z_i, Z_o を表す式をまとめたものである。

表2.2　A_V, A_I, Z_i, Z_o

	簡易等価回路	h_{oe} を考慮した等価回路	h_{oe}, h_{re} を考慮した等価回路
電圧増幅度 A_V	$h_{fe}\dfrac{R_L'}{h_{ie}}$	$h_{fe}\dfrac{R_L''}{h_{ie}}$ R_L''：R_L' と $\dfrac{1}{h_{oe}}$ の並列合成抵抗	$h_{fe}\dfrac{R_L''}{h_{ie}}m$ $m=\dfrac{h_{ie}}{h_{ie}-h_{re}h_{fe}R_L''}$
電流増幅度 A_I	h_{fe}	$h_{fe}\dfrac{1}{1+h_{oe}R_L'}$	$h_{fe}\dfrac{1}{1+h_{oe}R_L'}$
入力インピーダンス Z_i	h_{ie}	h_{ie}	$h_{ie}-h_{re}h_{fe}R_L''$
出力インピーダンス Z_o	∞	$\dfrac{1}{h_{oe}}$	$\dfrac{1}{h_{oe}-\dfrac{h_{re}h_{fe}}{h_{ie}+R_G}}$

2.4 バイアス回路

増幅回路のバイアスは，温度などの外部条件や，素子の特性などによって変化する。これらの変化は，目的とする特性に悪い影響を与えることが多い。ここでは，バイアスの変化の原因と，変化を少なくする方法について学ぶ。

1 バイアスの変化

1 バイアスの安定化

バイアスは周囲温度の変化や電源電圧の変化などで変わる。この変化によって，増幅回路ではつぎのような現象を起こす。

（a）熱暴走の危険

トランジスタの温度がなんらかの原因で上昇すると，コレクタ電流が増加し，バイアスが変化する。この変化は，図2.50に示すような経過をたどって，回路動作を不安定にしたり，ときにはトランジスタを破壊してしまうことがある。この現象を**熱暴走**[†1]という。

[†1] thermal runaway

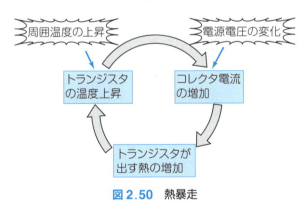

図2.50 熱暴走

図2.51 トランジスタの雑音の一般的傾向

（b）雑音の増加

トランジスタは内部で雑音[†2]を出す。この雑音は，図2.51に示すようにコレクタ電流の特定値で最小になる。増幅回路では特に信号が小さいとき，バイアスをこの雑音の小さな範囲に定める。しかし，なんらかの原因でバイアスが変化すると，この範囲をはずれて雑音が増加することがある。

[†2] 伝送したい信号とは別の不要な信号。ノイズともいう。

(c) ひずみの増加

信号が入力されたとき，トランジスタの電流や電圧の変化は，バイアスを中心に交流負荷線に沿って起きる。

したがって，大きな出力を得たいときには，図 2.52（a）のように，バイアスを交流負荷線の中央に定める。

しかし，なんらかの原因でバイアスが変化すると，出力は十分得られないうちに，図（b），（c）のようにひずんでしまう。

このような現象を防ぐために，バイアスは安定化させなければならない。

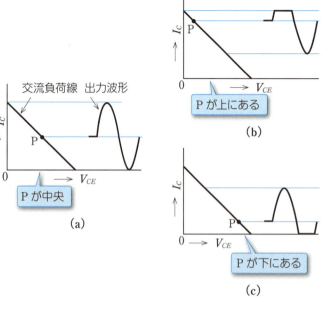

図 2.52 バイアスによる出力波形の変化

2 固定バイアス回路

いままで例として調べてきた図 2.53 のバイアス回路を**固定バイアス回路**という。この回路は簡単であるが，トランジスタの特性の温度による変化や，製品ごとのわずかな特性の違いによるコレクタ電流の変化が大きく，不安定である。

そのため，コレクタ電流の変化を自動的に少なくする働きを持つ**安定化バイアス回路**が必要となる。

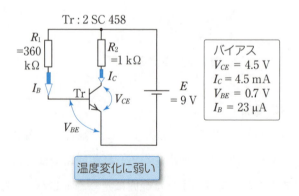

図 2.53 固定バイアス回路

2 安定化したバイアス回路

1 自己バイアス回路

図2.54（a）は**自己バイアス回路**[†1]である。この回路では，なんらかの原因のために I_C が増加しようとすると，図（b）のような経過をたどって I_C の増加を少なくすることができる。

[†1] 電圧帰還バイアス回路ともいう。

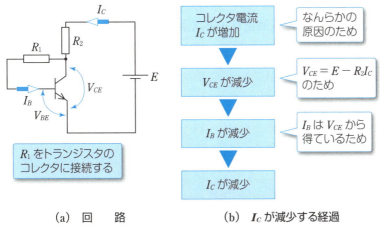

（a）回　路　　　　（b）I_C が減少する経過

図2.54　自己バイアス回路

例題 4

図2.54（a）の回路で，図2.53の回路と同じバイアス（$V_{CE}=4.5$ V，$I_C=4.5$ mA，$V_{BE}=0.7$ V，$I_B=23$ μA）にするには，R_1 をいくらにすればよいか求めなさい。ただし，$R_2=1$ kΩ，$E=9$ V で，トランジスタも同じとする。

解答 自己バイアス回路では，V_{CE}，V_{BE}，I_B，R_1 の間には，オームの法則により

$$I_B = \frac{V_{CE} - V_{BE}}{R_1}$$

が成り立つ。上式を R_1 について整理し，バイアスの値（$V_{CE}=4.5$ V，$V_{BE}=0.7$ V，$I_B=23$ μA）を代入すると

$$R_1 = \frac{V_{CE} - V_{BE}}{I_B} = \frac{4.5 - 0.7}{23 \times 10^{-6}} = 165 \times 10^3 \text{ Ω} = \underline{165 \text{ kΩ}}$$

問 15 図 2.55 の回路で $I_C = 0.5$ mA にするには，R_1 をいくらにすればよいか求めなさい。ただし，$V_{BE} = 0.6$ V，トランジスタの h_{FE} は 180 とする。

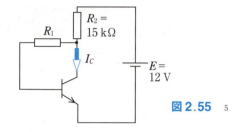

図 2.55

2 電流帰還バイアス回路

図 2.56（a）は**電流帰還バイアス回路**である。この回路では，エミッタに抵抗 R_E を入れることにより，図（b）のような経過をたどって I_C の増加を少なくすることができる。

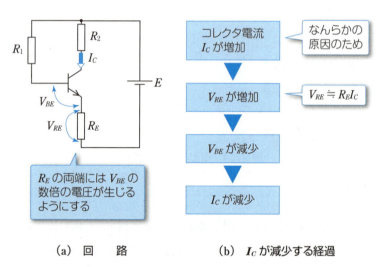

　　（a） 回　　路　　　　　　（b） I_C が減少する経過

図 2.56　電流帰還バイアス回路

例題 5

図 2.57 の回路で $I_C = 4.5$ mA，$V_{CE} = 4.5$ V にするには，R_1，R_E をいくらにすればよいか求めなさい。ただし，$V_{BE} = 0.7$ V，$I_B = 23\,\mu$A とする。また，R_E に流れる電流 I_E は，$I_C + I_B$ となるが，$I_C \gg I_B$ なので $I_E \fallingdotseq I_C$ として扱う。

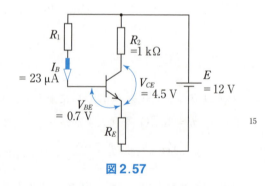

図 2.57

解答 各部の電圧は図 2.58 のようになる。したがって

$$R_E = \frac{V_{RE}}{I_C} = \frac{3}{4.5 \times 10^{-3}}$$

$$= \underline{667\ \Omega}$$

$$R_1 = \frac{E-(V_{BE}+V_{RE})}{I_B}$$

$$= \frac{12-(0.7+3)}{23 \times 10^{-6}}$$

$$= 361 \times 10^3\ \Omega = \underline{361\ \mathrm{k}\Omega}$$

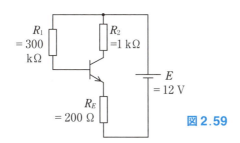

図 2.58

問 16 図 2.59 の回路で，I_B，I_C，V_{CE} を求めなさい。ただし，$V_{BE}=0.6$ V，トランジスタの h_{FE} は 180 とする。

図 2.59

3 ブリーダ電流バイアス回路

図 2.60 (a) は**ブリーダ電流バイアス回路**である。**ブリーダ抵抗**[†1] R_1，R_2 により電源電圧を分圧してバイアスとする電流帰還バイアス回路の一種である。

†1 bleeder resistance

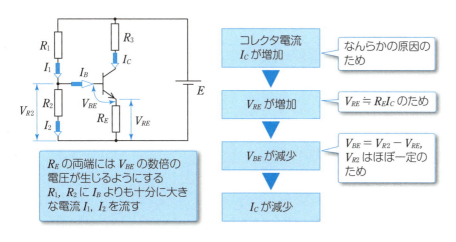

(a) 回　路　　　　　(b) I_C が減少する経過

図 2.60　ブリーダ電流バイアス回路

この回路では，R_E の両端に V_{BE} の数倍の電圧が生じるようにし，また R_1，R_2 には，I_B よりも十分大きな電流を流すことによって，I_C が増加しようとすると，図（b）のような経過をたどって I_C の増加を少なくすることができる。

この回路は，安定性においてはすぐれているが，抵抗による消費電力が大きくなる欠点がある。

例題 6

図2.60の回路で，バイアスを $V_{CE}=4.5\text{ V}$，$I_B=23\text{ μA}$，$I_C=4.5\text{ mA}$ にするには，R_1，R_2，R_E，E をいくらにすればよいか求めなさい。ただし，$R_3=1\text{ kΩ}$ で，R_1 には I_B の20倍の電流を流し，V_{RE} は $V_{BE}=0.7\text{ V}$ の2倍の電圧を生じさせるものとする。

解答 各部分の電圧，電流をまとめると図2.61となる。

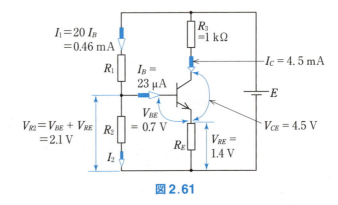

図2.61

① **電源電圧 E**

R_3 の両端の電圧を V_{R3} とすれば

$$E = V_{R3} + V_{CE} + V_{RE}$$

$$V_{R3} = R_3 I_C$$

であるから

$$E = R_3 I_C + V_{CE} + V_{RE}$$
$$= 1\times 10^3 \times 4.5 \times 10^{-3} + 4.5 + 1.4 = \underline{10.4\text{ V}}$$

② **エミッタ抵抗 R_E**

R_E に流れる電流 I_E は $I_E \fallingdotseq I_C$ であるから

$$R_E = \frac{V_{RE}}{I_C} = \frac{1.4}{4.5\times 10^{-3}} = \underline{311\text{ Ω}}$$

③ **ブリーダ抵抗 R_1, R_2**

R_2 に流れる電流 I_2 は，$I_1 \gg I_B$ ($I_1 = 20 I_B$) であるから，$I_2 \fallingdotseq I_1$ である。したがって

$$R_1 + R_2 = \frac{E}{I_1} = \frac{10.4}{0.46 \times 10^{-3}} = 22.6 \times 10^3 \ \Omega = 22.6 \ \text{k}\Omega$$

$$V_{R2} = V_{BE} + V_{RE} = 0.7 + 1.4 = 2.1 \ \text{V}$$

$$R_2 = \frac{V_{R2}}{I_1} = \frac{2.1}{0.46 \times 10^{-3}} = 4.57 \times 10^3 \ \Omega = \underline{4.57 \ \text{k}\Omega}$$

したがって

$$R_1 = (R_1 + R_2) - R_2 = 22.6 - 4.57 = \underline{18.0 \ \text{k}\Omega}$$

問 17　図 2.62 の回路で I_C, I_B を求めなさい。ただし，$h_{FE} = 180$，$V_{BE} = 0.6$ V とする。

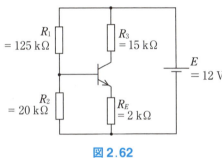

図 2.62

4　バイパスコンデンサ

電流帰還バイアス回路を用いて増幅回路を作る場合には，R_E による増幅度の低下を防ぐため，図 2.63 のように，R_E に並列にコンデンサ C_E を接続する[†1]。このコンデンサを**バイパスコンデンサ**[†2] という。

†1 C_E を接続しない場合については，3.1 節「負帰還増幅回路」で取り扱う。
†2 by-pass capacitor

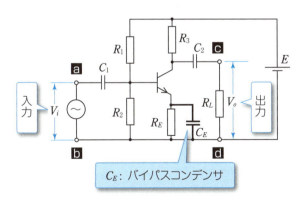

図 2.63　バイパスコンデンサ

図 2.64 に示すように，C_E を接続すると，入力電圧 V_i が直接トランジスタのベース-エミッタ間へ加わるようになる。一般に，C_E は，その静電容量が増幅回路の周波数特性に大きな影響を与えるので，C_1 や C_2 よりも大きな静電容量のものが用いられる[†1]。

[†1] C_E の大きさについては，p.87 で扱う。

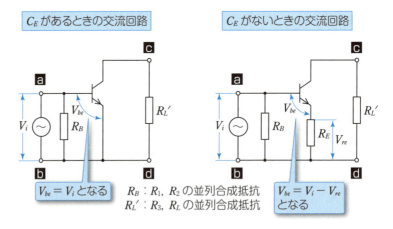

図 2.64 C_E の働き

5 バイアス回路の特徴

これまでに 4 種類のバイアス回路を学んだ。つぎに，これらの回路の特徴を表 2.3 にまとめてみよう。

表 2.3 バイアス回路の特徴

バイアス回路	特　徴
固定バイアス回路	① バイアス回路での電力消費は少ない ② h_{FE} の変化に対して I_C が大きく変化する
自己バイアス回路	① I_C の変化は少ない ② 増幅された信号がベース抵抗に流れるので，入力抵抗[†2]が低下する
電流帰還バイアス回路	① I_C の変化は少ない ② エミッタ抵抗 R_E で電力を消費し，負帰還[†3]がかかるので，増幅度の低下が起こる
ブリーダ電流バイアス回路	① I_C の変化を最も少なくすることができる ② R_1，R_2 に大きな電流を流すので，バイアス回路での電力消費は大きい ③ バイパスコンデンサ C_E が必要となる

[†2] p.102 の 3「入力インピーダンス」で扱う。

[†3] p.100〜103 の 2「エミッタ抵抗による負帰還」で扱う。

2.5 増幅回路の特性変化

増幅回路は，周波数の変化によって増幅度が変化する。また，入力電圧を増加させていくと，しだいに出力波形が飽和してひずんでくる。ここでは，増幅度の周波数特性と出力波形のひずみについて学ぶ。

1 増幅度の変化

1 周波数による増幅度の変化

いままで調べてきた図 2.42 の増幅回路において，周波数による増幅度の変化を考えてみよう。図 2.65 は，それを調べるための実験回路である。この回路で，入力電圧 V_i を一定に保ち，周波数 f を変えたときの電圧増幅度を求めてグラフで表すと，図 2.66 のようになる。この特性を**周波数特性**[†1]という。

[†1] frequency characteristics

図 2.42 の増幅回路の電圧増幅度 A_V は 157 倍であったので，電圧利得 G_V は

$$G_V = 20 \log_{10} 157$$
$$= 43.9 \text{ dB}$$

である。

図 2.65 実験回路

図 2.66 において，約 100 Hz から約 200 kHz までの中域周波数での電圧利得は，この値とほぼ一致するが，それ以下の低域周波数やそれ以上の高域周波数では，電圧利得は小さくなる。このような電圧利得の低下は，一般の増幅回路で起こるので，増幅できる入力の周波数は，ある有限

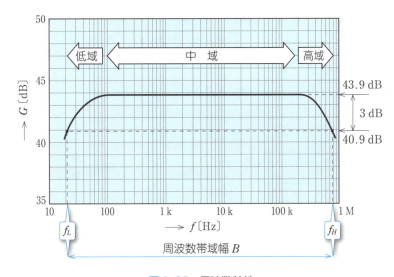

図 2.66 周波数特性

な幅を持つことになる。

そこで，図に示すように，中域周波数での電圧利得よりも 3 dB 低下する低域および高域の周波数である**低域遮断周波数**[†1] f_L と**高域遮断周波数**[†2] f_H を求め，この f_L と f_H の幅 B を増幅回路の**周波数帯域幅**[†3] といい，増幅度が一定とみなせる周波数の範囲を表している。

[†1] lower cut-off frequency
[†2] upper cut-off frequency
[†3] frequency band-width

（周波数帯域幅）　　$B = f_H - f_L$ 〔Hz〕　　(2.24)

一般に，B は入力信号の周波数範囲を含んでいなければならない。例えば，音声周波数の信号を増幅する場合では，音声信号の周波数帯である 20 Hz から 20 kHz の幅より広くなければ，音声を忠実に増幅できない。

例題 7

電圧利得が 3 dB 低下するということは，電圧増幅度が何倍に減少することかを求めなさい。

解答　$G_V = 20 \log_{10} A_V = -3$ dB

から

$$\log_{10} A_V = -\frac{3}{20}, \quad A_V = 10^{-\frac{3}{20}} \fallingdotseq 0.708 \fallingdotseq \frac{1}{\sqrt{2}}$$

電圧利得の 3 dB 低下は，電圧増幅度で $\frac{1}{\sqrt{2}}$ 倍に減少する[†4]。

[†4] 電力増幅度で考えると，電力は $P = \dfrac{V^2}{R}$ の関係があるので，電圧利得の 3 dB 低下は，電力増幅度が $\dfrac{1}{2}$ になる値である。

問 18　低域遮断周波数 f_L が 100 Hz，高域遮断周波数 f_H が 200 kHz のとき，周波数帯域幅 B を求めなさい。

2 低域での増幅度の低下の原因

低域での増幅度低下の原因は，図 2.67 と表 2.4 のように，周波数が低くなるに従って，コンデンサ C_1，C_2 のインピーダンスが大きくなるためである。

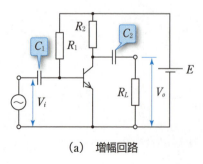

(a) 増幅回路　　　　　　　　(b) 低域での等価回路

図 2.67　低域での増幅度の低下

すなわち，周波数が中域以上では，C_1，C_2のインピーダンスは十分小さくなり無視できるが，低域の周波数では，C_1，C_2のインピーダンス Z_{C1}，Z_{C2} が無視できなくなるため

$$V_i > V_{be}, \quad V_{ce} > V_o$$

となって，増幅度は低下する[†1]。

表2.4 周波数の変化

周波数	C_1，C_2のインピーダンス	端子電圧
中域以上	$Z_{C1} \fallingdotseq 0$ $Z_{C2} \fallingdotseq 0$	$V_i = V_{be}$ $V_{ce} = V_o$
低域	Z_{C1} 増加 Z_{C2} 増加	$V_i > V_{be}$ $V_{ce} > V_o$

[†1] この増幅度は，回路全体の増幅度のことである。

（a） C_1 による低域遮断周波数

図 2.68（a）は C_1 による影響を考えた等価回路である。増幅度の低下がないときの電圧増幅度を A_V とすると，電圧利得が 3 dB 低下するときは，電圧増幅度が $\dfrac{A_V}{\sqrt{2}}$ になる場合である。入力電圧 V_i の $\dfrac{1}{\sqrt{2}}$ が V_{be} になれば，回路全体としての電圧増幅度が $\dfrac{1}{\sqrt{2}}$ になる。

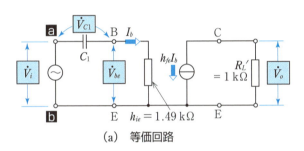

(a) 等価回路　　(b) ベクトル図

図 2.68　C_1 による影響

$\dfrac{V_i}{\sqrt{2}} = V_{be}$ となるのは，図（b）のベクトル図から

$$V_{C1} = V_{be}$$

になるときである。よって

$$V_{C1} = \dfrac{1}{\omega C_1} I_b, \quad V_{be} = h_{ie} I_b$$

であるから

$$\dfrac{1}{\omega C_1} = h_{ie}$$

したがって，C_1 の影響による低域遮断周波数 f_{L1} は次式のようになる。

（C_1 による低域遮断周波数）　　$f_{L1} = \dfrac{1}{2\pi C_1 h_{ie}}$ 〔Hz〕　　(2.25)

問 19 図 2.42 の回路で $C_1 = 5\,\mu\text{F}$ としたとき，低域遮断周波数 f_{L1} を求めなさい。ただし，C_2 は低域においてもインピーダンスが十分に小さいものとし，$h_{ie} = 1.49\,\text{k}\Omega$ とする。

（b） C_2 による低域遮断周波数

図2.69（a）は C_2 による影響を考えた等価回路である。この回路の出力側を電圧源に変換[†1]して書き直すと，図（b）となる。電圧増幅度が $\frac{A_V}{\sqrt{2}}$ になるときは，この回路に流れる電流 I_L が，C_2 を無視したときに流れる電流の $\frac{1}{\sqrt{2}}$ になる周波数を求めればよい。

[†1] 電圧源と電流源の等価変換

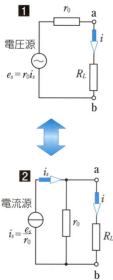

1 の電圧源の回路の R_L を短絡したときに流れる電流は，$i = \dfrac{e_s}{r_0}$ である。

$e_s = 0$ としたときに a–b から見た抵抗は r_0 であるから，電流源に変換すると **2** となり，$i_s = \dfrac{e_s}{r_0}$ となる。

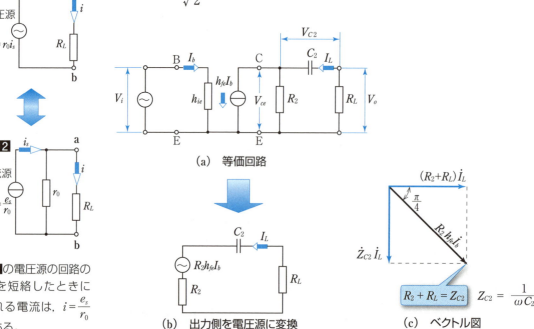

(a) 等価回路

(b) 出力側を電圧源に変換

(c) ベクトル図

図2.69 C_2 による影響

I_L が $\dfrac{1}{\sqrt{2}}$ になるときは，C_1 による影響の場合と同様に，図（c）のベクトル図から

$$(R_2 + R_L)I_L = Z_{C2}I_L$$

のときである。よって

$$R_2 + R_L = \frac{1}{\omega C_2}$$

したがって，C_2 の影響による低域遮断周波数 f_{L2} は次式のようになる。

$$（C_2 \text{による低域遮断周波数}）\quad f_{L2} = \frac{1}{2\pi C_2 (R_2 + R_L)} \quad [\text{Hz}] \quad (2.26)$$

問 20 図2.42の回路で $C_2 = 1\,\mu\text{F}$ としたとき，低域遮断周波数 f_{L2} を求めなさい。ただし，C_1 は低域においてもインピーダンスが十分に小さく，$\dfrac{1}{h_{oe}} \gg R_L'$ とする[†2]。

[†2] $\dfrac{1}{h_{oe}} \gg R_L'$ でないときは，R_2 と $\dfrac{1}{h_{oe}}$ の並列合成抵抗値を式中の R_2 にあてはめる。

問 21 図2.42の回路で $C_1 = 1\,\mu\text{F}$，$C_2 = 0.5\,\mu\text{F}$ としたとき，低域遮断周波

数 f_{L1}, f_{L2} を求めなさい。

（c）バイパスコンデンサ C_E による低域遮断周波数

バイアス回路に電流帰還バイアスを用いるとき，2.4節の 2 「安定化したバイアス回路」で学んだように，バイパスコンデンサ C_E を使う。この場合，V_{be} は，図2.70のように，低域周波数で $X_{CE} = \dfrac{1}{\omega C_E}$ のリアクタンスが大きくなり，R_E の両端電圧 V_{re} を無視することができなくなるので，V_i より小さくなる。したがって，回路の電圧増幅度 A_V は低下する。

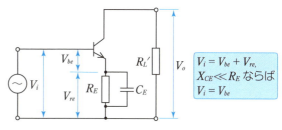

図2.70　C_E による影響

C_E の影響による低域遮断周波数 f_{ce} は次式のようになる。

（C_E による低域遮断周波数）　　$f_{ce} = \dfrac{h_{fe}}{2\pi C_E h_{ie}}$ 〔Hz〕　　(2.27)

例題 8

図2.71の回路で，C_E の影響による低域遮断周波数 f_{ce} を求めなさい。ただし，C_1, C_2 は十分大きく，増幅度の低下には影響がないものとする。

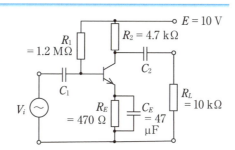

図2.71

解答

$$f_{ce} = \dfrac{h_{fe}}{2\pi C_E h_{ie}} = \dfrac{150}{2\pi \times 47 \times 10^{-6} \times 4\,200} = \underline{121\text{ Hz}}$$

問 22　図2.72の回路で $f_{ce} = 80$ Hz にするには，C_E をいくらにすればよいか求めなさい。

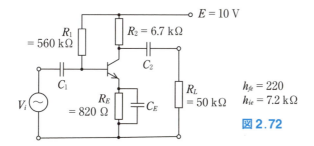

図2.72

3 高域での増幅度の低下の原因

高域での増幅度の低下の原因は，おもに図2.73（a）のように，h_{fe}が周波数の増加に伴って小さくなることや，配線間の**漂遊容量**[†1] C_s による。

†1 stray capacity

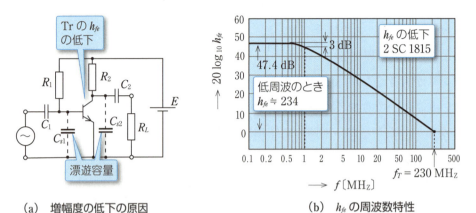

(a) 増幅度の低下の原因　　(b) h_{fe}の周波数特性

図2.73 高域での増幅度の低下

図（b）に示すように，高周波においては，周波数が2倍になるごとに，h_{fe} は $\frac{1}{2}$ に減少する性質がある。したがって，$h_{fe}=1$ になる周波数を f_T とすれば，h_{fe} が低下する高周波における h_{fe} は

$$（利得帯域幅積）\qquad h_{fe}f = f_T \qquad (2.28)$$

で示すことができる。f_T は**利得帯域幅積**[†2] または**トランジション周波数**[†3] といい，トランジスタの高周波特性を比較するのによく用いられる。

†2 gain-bandwidth product
†3 transition frequency

問 23 トランジスタの h_{fe} は低周波で234であり，f_T は230 MHzであった。このトランジスタの h_{fe} が低周波のときの $\frac{1}{\sqrt{2}}$（3 dB 低下）になる周波数 f を求めなさい。

2 出力波形のひずみ

1 入出力特性とひずみ

図2.74は，入力の周波数を1 kHzにして入力電圧 V_i を増加させたとき，出力電圧 V_o の大きさと波形を描いたものである。この特性を**入出力特性**という。

この特性図から，正しく増幅が行われる入力電圧の限界を知ることができる。すなわち，この回路では，V_i が約20 mVまでは V_i と V_o がほぼ比例しているが，それを超すと V_o は飽和を始め，波形も入力波形とは異

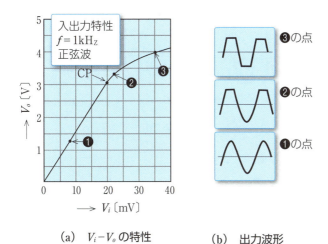

(a) V_i–V_o の特性　　(b) 出力波形

図 2.74　入出力特性

なったひずんだものとなってくる。

このように出力波形がひずみ始め，入力 V_i と出力 V_o が比例しなくなる点を**クリップポイント**[†1]といい，増幅の限界を示す目安となる。このため，入出力特性を**直線特性**[†2]ともいう。

[†1] clip point，略して CP

[†2] linear characteristic

2　ひずみの原因

入力電圧が大きくなったとき，出力波形がひずむ原因は，図 2.75 に示す二つの原因によって生じる。

一つは，図（a）のように，ベース-エミッタ間電圧 v_{BE} が入力電圧に比例して変化しても，それが小さなときに，ベース電流 i_B が遮断されるためである。

もう一つは，図（b）のように，i_B が入力電圧に比例して変化しても，それが大きなときに，コレクタ電流が飽和してしまうためである。

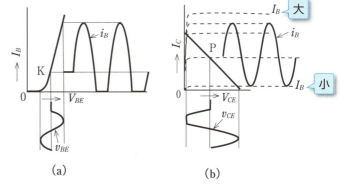

(a)　　(b)

図 2.75　飽和とひずみの原因

問 24　ある増幅回路で入力電圧を増加していき，出力波形を観測していたら，図 2.76 のように，さきに v_{CE} の小さいほうからひずみ，そのあとで v_{CE} の大きいほうがひずんだ。その原因は，動作点がどのようになっているためか説明しなさい。

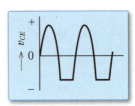 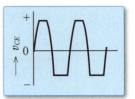

図 2.76

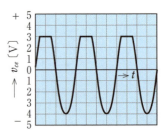

問 25 ある増幅回路で $V_i = 25$ mV のとき，図 2.77 のように片側だけひずんで出力した。この回路において，クリップポイントでの入力電圧 V_i はおよそいくらか求めなさい。また，クリップポイントより小さな入力電圧のときの増幅度 A_V を求めなさい。

図 2.77

†1 distortion factor

3 ひずみ率

ひずみの度合は**ひずみ率**[†1]で表す。ひずみ率は，ひずんだ波形が基本波と高調波の混合したものとして考えられるので，次式で表す。

†2 高調波の各実効値の2乗の和の平方根
†3 基本波の実効値

$$\text{ひずみ率} = \frac{\text{高調波成分}^{†2}}{\text{基本波成分}^{†3}} \times 100 \quad [\%] \tag{2.29}$$

このひずみ率は，図 2.78（a）に示すようなひずみ率計によって測定することができる。図（b）は，図 2.65 の増幅回路の入力電圧とひずみ率の関係を，ひずみ率計によって測定した特性である。

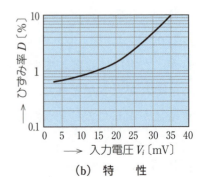

(a) ひずみ率計　　　(b) 特　性

図 2.78　ひずみ率計とひずみ率特性

学習のポイント

1 基本となる増幅回路

　トランジスタを用いて，音声などの交流信号を増幅する場合，図2.79のように，交流信号に直流分を加え，直流電圧が変化する信号にして増幅を行う。

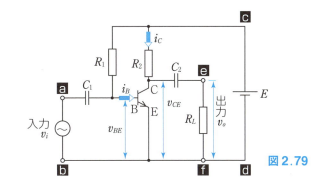

図2.79

2 増幅の過程（図2.80）

図2.80

3 直流回路と交流回路

　増幅回路の動作は，図2.81のように，直流回路と交流回路に分けて考える。トランジスタが動作するために必要な直流電圧と電流をバイアスといい，バイアスがどのように与えられているか考える回路を直流回路（バイアス回路）という。

　交流の入力信号がどのように変化するかを調べるために，交流だけの流れを考えた回路を交流回路という。

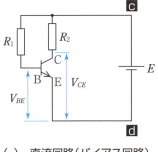
(a) 直流回路（バイアス回路）

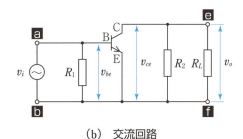
(b) 交流回路

図2.81

4 バイアスの求め方

　特性図から求める方法と V_{BE} と h_{FE} から求める方法がある。

5 増幅度と利得

　　電圧増幅度　　$A_V = \dfrac{V_o}{V_i}$　　　電圧利得　　$G_V = 20 \log_{10} A_V$ 〔dB〕

　　電流増幅度　　$A_I = \dfrac{I_o}{I_i}$　　　電流利得　　$G_I = 20 \log_{10} A_I$ 〔dB〕

　　電力増幅度　　$A_P = A_V A_I$　　　電力利得　　$G_P = 10 \log_{10} A_P$ 〔dB〕

6 等価回路

　トランジスタの交流に対する働きを表した回路をトランジスタの等価回路という。図2.82のように，

h パラメータを使って増幅の働きを表す。

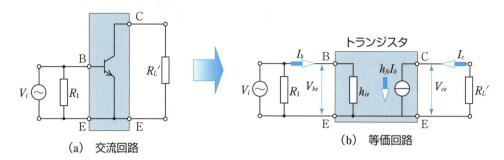

(a) 交流回路　　　(b) 等価回路

図 2.82

7　安定化バイアス回路

温度，電源，トランジスタ定数などの変化に対してバイアスを安定化させた回路で，自己バイアス回路，電流帰還バイアス回路，ブリーダ電流バイアス回路がある。

8　バイパスコンデンサ

負帰還作用のため増幅度を低下させる抵抗 R_E に並列に接続し，増幅度の低下を防ぐ。

9　周波数特性

図 2.83 のように，周波数と電圧増幅度（電圧利得）の関係を表した特性。増幅可能な周波数の限界が求められる。

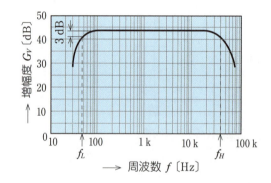

図 2.83

10　周波数帯域幅

増幅度が基準となる中域周波数での増幅度より 3 dB 低下する周波数範囲をいう。

　　周波数帯域幅 B = 高域遮断周波数 f_H − 低域遮断周波数 f_L 〔Hz〕

11　入出力特性とひずみ

図 2.84 のように，入力電圧と出力電圧の関係を表した特性を入出力特性という。増幅可能な入力電圧の限界をクリップポイント（CP）という。CP を超えた入力電圧が加えられると，出力電圧にひずみが生じる。

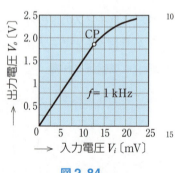

図 2.84

章末問題

1 つぎの言葉を簡単に説明しなさい。
（1） 増幅回路の直流回路　　（2） 増幅回路の交流回路

2 図2.85（a）の回路で，入力に最大値10 mVの交流電圧を加えたら，ベース電流i_Bは図（b）のように変化した。このとき，つぎの問に答えなさい。ただし，トランジスタの特性は図（c）とする。

（1） バイアス（V_{CE}, I_C）を求めなさい。
（2） コレクタ-エミッタ間電圧v_{CE}，およびコレクタ電流i_Cの変化の様子を図で表しなさい。
（3） 電圧増幅度A_Vを求めなさい。

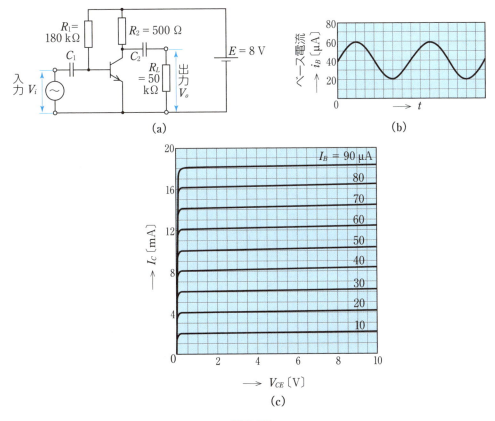

図2.85

3 hパラメータによるトランジスタの等価回路を示し，その等価回路を用いるときの注意点を示しなさい。

4 図2.85（a）の回路の電圧増幅度A_Vを，等価回路を用いて求めなさい。

5. 図 2.86（a）の回路の電圧増幅度 A_V〔倍〕と電圧利得 G_V〔dB〕および入出力インピーダンス（Z_i, Z_o と回路全体の入出力インピーダンス Z_{i0}, Z_{o0}）を求めなさい。ただし，h パラメータは図（b）とし，バイアスは $I_C = 1$ mA である。

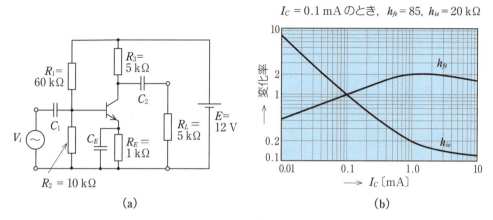

図 2.86

6. 図 2.86（a）の回路で，$C_1 = 10$ μF，$C_2 = 5$ μF，$C_E = 50$ μF であるとき，各コンデンサの影響による低域遮断周波数 f_{L1}，f_{L2}，f_{ce} を求め，回路全体での低域遮断周波数 f_L を求めなさい。

7. 図 2.87（a），（b），（c）の回路のバイアス（I_C, V_{CE}）を求めなさい。ただし，トランジスタは $h_{FE} = 150$，$V_{BE} = 0.6$ V とする。

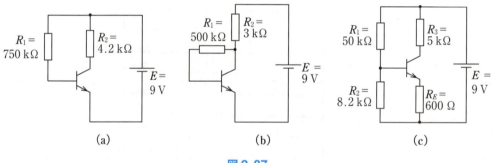

図 2.87

3章

いろいろな増幅回路

電子機器などで実際に使われる増幅回路は，安定に動作したり，目的とする特性が得られやすいように工夫されている。本章では，安定動作や特性改善の一つの方法である負帰還増幅回路を中心として，実際に使われているいろいろな増幅回路の構成法や特性について学ぶ。

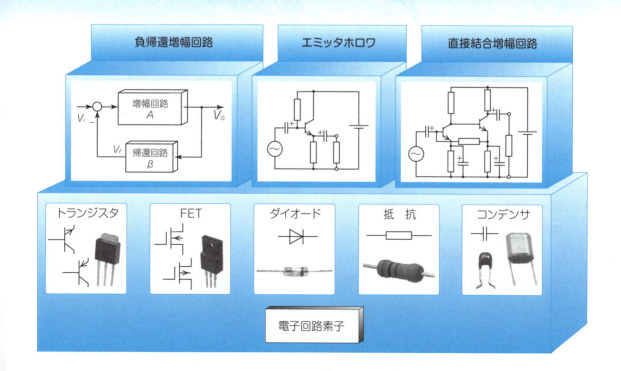

3章 いろいろな増幅回路

学習の流れ

3.1 負帰還増幅回路

（1）**負帰還とは** ⇨ 出力の一部を入力と逆相で入力へ戻すこと。

（2）**原理図**

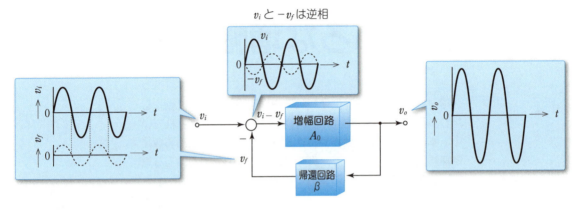

（3）**特　徴**

① 増幅度は低下するが，周波数特性が改善する。

② 温度変化や電圧変動に対し増幅度が安定する。

③ 入力インピーダンスを変えることができる。

（4）**エミッタ抵抗による負帰還**

（5）**2 段増幅回路の負帰還**

3.2 エミッタホロワ

（1）**回路の動作**

① エミッタ抵抗 R_E の両端から出力を取り出す回路。

② 出力電圧のすべてが負帰還される回路。

（2）**特　徴**

① 電圧増幅度が約 1 である。

② 入力インピーダンスが大きい。

③ 出力インピーダンスが小さい。

（3）**働き・用途** ⇨ インピーダンス変換作用がある。緩衝増幅器（バッファ）として用いる。

（4）**回路計算** ⇨ 増幅度・入力インピーダンス・出力インピーダンスの計算

3.3 直接結合増幅回路

結合コンデンサを使わずに前段と後段の増幅回路を直接結合する回路。

3.1 負帰還増幅回路

増幅回路の特性は，周囲の温度や使用する電圧，電流などいろいろな条件で変化する。このため，実際に使われる増幅回路では，これらの変化による影響を少なくするために，「負帰還」という動作を行わせている。ここでは，この負帰還の意味と動作，負帰還を行った場合の特性について学ぶ。

1 負帰還増幅回路の動作と特徴

1 負帰還と正帰還

回路の出力の一部をなんらかの方法で入力へ戻すことを**帰還**[†1]という。帰還には，図 3.1 のように，入力信号 V_i と帰還信号 V_f の位相関係から，つぎの二つに分けられる。

① **正帰還**[†2]……V_i と V_f が同相の帰還
② **負帰還**[†3]……V_i と V_f が逆相の帰還

この中で，負帰還は，増幅回路の特性改善のためによく使われており，この負帰還を行った増幅回路を**負帰還増幅回路**または **NFB**[†4] **増幅回路**という。

[†1] feedback
[†2] positive feedback
[†3] negative feedback
[†4] negative feedback の略称

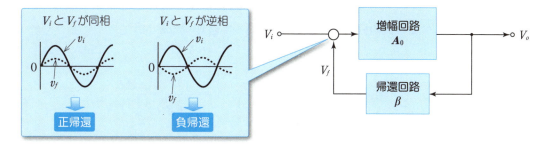

図 3.1 負帰還と正帰還

2 増幅度

一般的に負帰還増幅回路を扱うときには，図 3.2 のようなブロック図を用いる。図 3.2 を利用して，負帰還増幅回路の電圧増幅度 $A = \dfrac{V_o}{V_i}$ を求めてみよう。

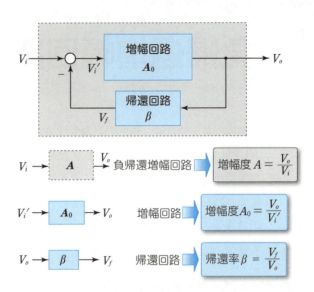

図 3.2 負帰還増幅回路のブロック図

$$（増幅回路だけの電圧増幅度）\quad A_0 = \frac{V_o}{V_i'} \tag{3.1}$$

$$（帰還回路による帰還率）\quad \beta = \frac{V_f}{V_o} \tag{3.2}$$

$$（負帰還増幅回路の電圧増幅度）\quad A = \frac{V_o}{V_i} \tag{3.3}$$

とすれば，$V_i' = V_i - V_f$ であるから，$V_i = V_i' + V_f$ となり，負帰還回路全体の電圧増幅度 A は

$$A = \frac{V_o}{V_i' + V_f} \tag{3.4}$$

この式の分母，分子を V_o で割って整理すると

$$（電圧増幅度）\quad A = \frac{\dfrac{V_o}{V_o}}{\dfrac{V_i'}{V_o} + \dfrac{V_f}{V_o}} = \frac{1}{\dfrac{1}{A_0} + \beta} = \frac{A_0}{1 + \beta A_0} \tag{3.5}$$

となり，負帰還増幅回路全体の電圧増幅度を表す式となる。

また，A_0 が非常に大きく，$\dfrac{1}{A_0} \ll \beta$ のときはつぎのようになる。

$$（電圧増幅度）\quad A = \frac{1}{\beta} \tag{3.6}$$

3 特　徴

（a）周波数特性が改善される

負帰還を行わないときの電圧増幅度を A_0，負帰還を行ったときの電圧増幅度を A とすると，A_0 と A の間には式（3.5）の関係があるので

$$\frac{A}{A_0} = \frac{\frac{A_0}{1+\beta A_0}}{A_0} = \frac{1}{1+\beta A_0}$$

の関係がある。したがって，$\frac{A}{A_0} < 1$ となる割合，つまり A が A_0 より小さくなる割合は，A_0 が大きいほど大きい。実際，A_0 は周波数の影響を受けはするが，一般的に大きな値であるため，図 3.3 に示すように，すべての周波数域において電圧増幅度 A は A_0 より小さくなる。

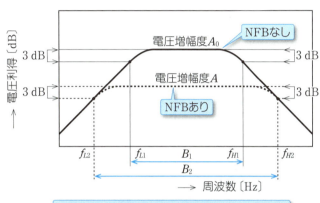

図 3.3　周波数帯域幅の変化

ところで，A_0 が小さくなれば A も小さくなる。しかし，A_0 が図のように周波数の影響を受けるのに対し，β は周波数の影響を受けない。このため，低域周波数や高域周波数のところで A_0 が小さくなっても，A は A_0 ほどには小さくならない。その結果，周波数帯域幅は負帰還のあるほうが広くなり，周波数特性が改善される。

（b）増幅度が安定する

前に示したように，$\frac{1}{A_0} \ll \beta$ となるように A_0 と β を決めれば

$$A = \frac{1}{\beta}$$

であるから，電圧増幅度 A は帰還率 β で決まる。一般に帰還回路は，抵抗などの特性の安定した素子で構成するので，β の値は安定したものになり，その結果，電圧増幅度も，温度変化，電源の変化，h パラメータの変化に影響されない安定したものになる。

このほかにも負帰還には利点が多いが，どのような場合でも，帰還信号 V_f がもとの V_i と逆相でないと，特定の周波数で電圧増幅度が上昇したり，ときには発振したりすることがある。

問 1　負帰還増幅回路の特徴を挙げなさい。

2 エミッタ抵抗による負帰還

図3.4は，2章で調べた増幅回路のエミッタに，抵抗 R_E を入れただけの回路であるが，これだけで負帰還増幅回路になる。

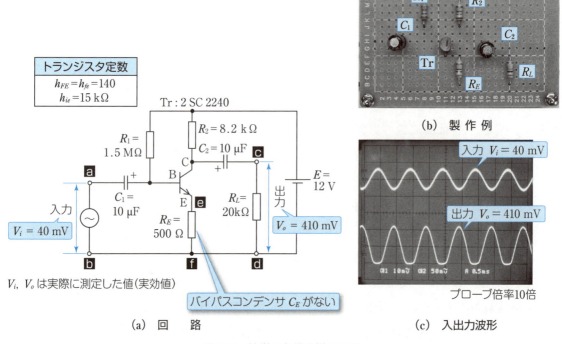

(a) 回　　路　　　　　　　　　　(c) 入出力波形

図3.4　簡単な負帰還増幅回路

1 負帰還の動作

図3.4の回路の交流回路は図3.5のようになる。これからわかるように，抵抗 R_E の両端に生じる電圧 v_f は

$$v_f = R_E i_e \fallingdotseq R_E i_c = \frac{R_E}{R_L'} v_o \tag{3.7}$$

であるから，出力 v_o に比例した電圧となる。

また，この v_f と，入力端子に加えられている入力 v_i とは，図3.6に示

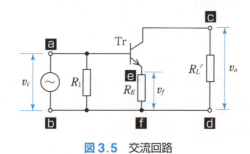

図3.5　交流回路

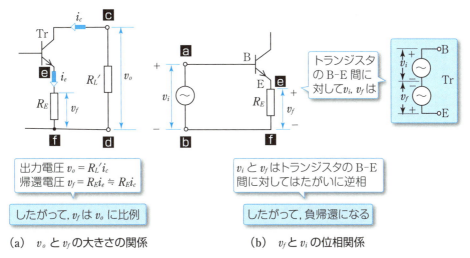

(a) v_o と v_f の大きさの関係   (b) v_f と v_i の位相関係

図 3.6　v_o, v_f, v_i の関係

すように，たがいに逆相の関係でトランジスタのベース-エミッタ間へ加わる。このことから，この回路で負帰還が行われていることがわかる。

2 増幅度

図 3.4 の回路の電圧増幅度を求めてみよう。

（a）負帰還がないときの増幅度 A_0

負帰還が行われないとき，すなわち R_E がないときには，図 3.7 の交流回路となり，この場合の電圧増幅度は 2.3 節の 2 「等価回路による特性の求め方」（p.69）で学んだように

$$A_0 = \frac{R_L'}{h_{ie}} h_{fe} \tag{3.8}$$

となる。数値を入れて計算するとつぎのようになる。

$$R_L' = \frac{R_2 R_L}{R_2 + R_L} = \frac{8.2 \times 20}{8.2 + 20} = 5.82 \text{ k}\Omega$$

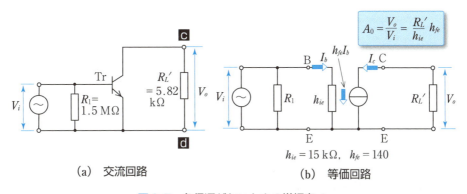

(a) 交流回路   (b) 等価回路

図 3.7　負帰還がないときの増幅度 A_0

$$A_0 = \frac{5.82 \times 10^3}{15 \times 10^3} \times 140 = 54.3$$

（b） 帰還率 β

β は帰還電圧 V_f と出力 V_o との比であるから，$I_c \gg I_b$ として，図 3.8 から

$$（帰還率）\quad \beta = \frac{V_f}{V_o} = \frac{R_E(I_b + I_c)}{R_L' I_c} \fallingdotseq \frac{R_E I_c}{R_L' I_c} = \boldsymbol{\frac{R_E}{R_L'}} \tag{3.9}$$

となる。数値を入れて計算するとつぎのようになる。

$$\beta = \frac{500}{5.82 \times 10^3} = 0.0859$$

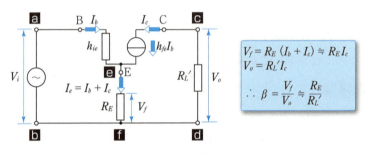

図 3.8　帰還率 β

（c） 回路全体の増幅度 A

A_0 と β が求まったので，回路全体の電圧増幅度 A はつぎのようになる。

$$A = \frac{A_0}{1 + \beta A_0} = \frac{54.3}{1 + 0.0859 \times 54.3} = 9.59$$

3 入力インピーダンス

図 3.8 から，トランジスタの入力側の回路については次式が成り立つ。

$$V_i = h_{ie} I_b + R_E(I_b + I_c)$$
$$= h_{ie} I_b + R_E(I_b + h_{fe} I_b)$$
$$= h_{ie} I_b + (1 + h_{fe}) R_E I_b$$
$$= \{h_{ie} + (1 + h_{fe}) R_E\} I_b \tag{3.10}$$

この式は，図 3.9（b）の回路で成り立つ式と等しく，トランジスタの入力インピーダンス Z_i はつぎのようになる。

$$（入力インピーダンス）\quad Z_i = h_{ie} + (1 + h_{fe}) R_E \tag{3.11}$$

図 3.4 の回路の場合，数値を入れて計算するとつぎのようになる。

$$Z_i = 15 \times 10^3 + (1 + 140) \times 500 = 85.5 \times 10^3 = 85.5 \text{ k}\Omega$$

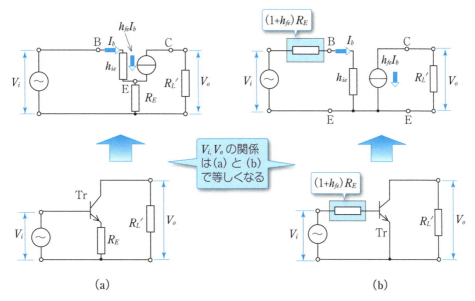

図3.9 R_E の影響

一般に,

「エミッタに入れた R_E の抵抗は,ベースに $(1+h_{fe})R_E$ の抵抗を入れたのと等しい働きを持っている。」

例題 1

図3.4の回路の電圧増幅度 $\dfrac{V_o}{V_i}$ を図3.8の交流回路から直接求めなさい。

解答

$$V_i = h_{ie}I_b + R_E(I_b + I_c) = \{h_{ie} + (1+h_{fe})R_E\}I_b$$
$$V_o = R_L'I_c = R_L'h_{fe}I_b$$

から

$$\text{(電圧増幅度)} \quad A = \frac{V_o}{V_i} = \frac{R_L'h_{fe}}{h_{ie}+(1+h_{fe})R_E} \tag{3.12}$$

$$= \frac{5.82\times 10^3 \times 140}{15\times 10^3 + (1+140)\times 500} = \underline{9.53}$$

問2 負帰還がないときの電圧増幅度 $A_0 = 180$ の増幅回路に,帰還率 $\beta = 0.05$ の負帰還を加えたとき,回路全体の電圧増幅度 A を求めなさい。

問3 図3.10の回路の電圧増幅度 A と,入力端子から見た入力インピーダンス Z_{i0} を求めなさい。ただし,入力端子から見たインピーダンス Z_{i0} は,

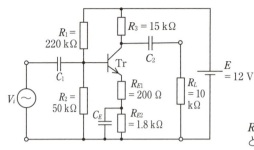

図 3.10

交流回路において R_1, R_2, Z_i を並列接続した値になる。

3 2段増幅回路の負帰還

図 3.11 の回路は，2段増幅回路の出力から R_F によって負帰還を行った回路である。

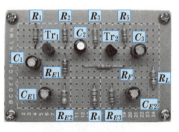

(b) 製作例

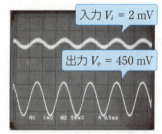

プローブ倍率 10 倍

(c) 入出力波形

(a) 回　路

図 3.11 2段増幅回路の負帰還

1 負帰還の回路動作

交流回路を描くと図 3.12 のようになる。この回路で R_F をはずせば，Tr_1 の回路はエミッタ抵抗 R_{E1} によって負帰還が行われている回路であり，Tr_2 の回路は基本の増幅回路である。

R_F をつなぐと，図 3.13 の回路からわかるように，出力 V_o に比例した電圧 V_f が R_{E1} の両端に生じ，しかも位相は図 3.14 に示すように，v_i と

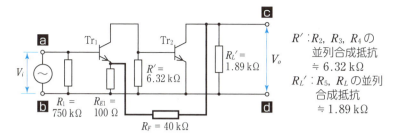

図 3.12　交流回路

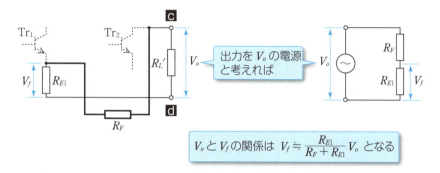

図 3.13　V_o, V_f の大きさの関係

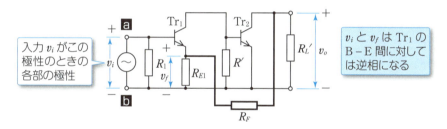

図 3.14　V_o, V_f, V_i の位相関係

v_f は逆相になるので負帰還が行われていることになる。

2　増幅度

等価回路を用いて交流回路を表すと，図 3.15 のようになる。ただし，h_{fe1}, h_{ie1} および h_{fe2}, h_{ie2} は，それぞれ Tr_1, Tr_2 の h パラメータ，R' は R_2, R_3, R_4 の並列合成抵抗である。

この交流回路から直接に電圧増幅度 $A = \dfrac{V_o}{V_i}$ を求めるのはたいへんであるので，「R_F をはずしたときの電圧増幅度 A_0」と「帰還率 β」とを求めてから

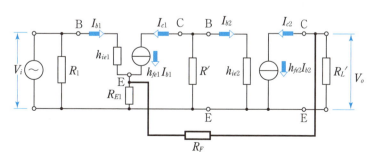

図 3.15　等価回路で表した交流回路

$$A = \frac{A_0}{1+\beta A_0}$$

を利用して A を求める。ただし，R_F をはずしても，Tr_1 と R_{E1} によってエミッタ抵抗による負帰還は行われているので，A_0 を求めるときには注意しなければならない。

（a） R_F をはずしたときの増幅度 A_0

R_F をはずして Tr_1 の回路を描き出すと図 3.16（a）になる。この回路の電圧増幅度 A_1 は，本章の例題 1 で求めたように次式で求められる。

$$A_1 = \frac{V_o'}{V_i} = \frac{R_{L1}'h_{fe1}}{h_{ie1}+(1+h_{fe1})R_{E1}} \tag{3.13}$$

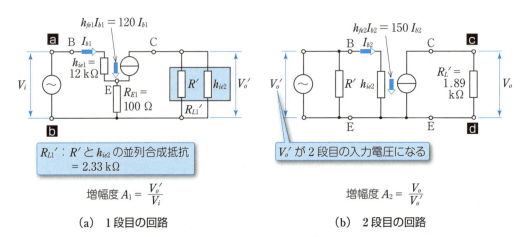

（a） 1 段目の回路 （b） 2 段目の回路

図 3.16 R_F をはずした回路

ただし，R_{L1}' は R' と h_{ie2} の並列合成抵抗，すなわち R_2，R_3，R_4，h_{ie2} の並列合成抵抗である。

数値を入れて計算するとつぎのようになる。

$$R_{L1}' = \frac{6.32 \times 3.7}{6.32 + 3.7} = 2.33\ \mathrm{k\Omega}$$

$$A_1 = \frac{2.33 \times 10^3 \times 120}{12 \times 10^3 + (1+120) \times 100} = 11.6$$

Tr_2 の回路を描き出すと図（b）になる。この回路の電圧増幅度 A_2 は，基本回路の電圧増幅度を求める式を利用して，次式で求められる。

$$A_2 = \frac{R_L'}{h_{ie2}}h_{fe2} = \frac{1.89 \times 10^3}{3.7 \times 10^3} \times 150 = 76.6$$

したがって，A_0 はつぎのようになる。

$$A_0 = A_1 A_2 = 11.6 \times 76.6 = 889$$

（b） 帰還率 β

R_F をつないだときに，V_o によって R_{E1} に生じる電圧を V_f とすれば

$$V_f = \frac{R_{E1}}{R_F + R_{E1}} V_o$$

であるので，$\beta = \dfrac{V_f}{V_o}$ からつぎのようになる。

$$\beta = \frac{V_f}{V_o} = \frac{R_{E1}}{R_F + R_{E1}} = \frac{100}{40 \times 10^3 + 100} = 2.49 \times 10^{-3}$$

（c） 回路全体の増幅度 A

$$A = \frac{A_0}{1 + \beta A_0} = \frac{889}{1 + 2.49 \times 10^{-3} \times 889} = 277$$

問 4 図 3.17 の回路において，つぎの各問に答えなさい。

（1） 交流回路を描き，R_2, R_3, R_4 の並列合成抵抗 R'，および R_5, R_L の並列合成抵抗 $R_L{'}$ を求めなさい。

（2） R_F をはずしたときの電圧増幅度 A_0 を求めなさい。

（3） 帰還率 β を求めなさい。

（4） 回路全体の電圧増幅度 A を求めなさい。

トランジスタ定数

	h_{ie}	h_{fe}
Tr_1	14 kΩ	130
Tr_2	5 kΩ	170

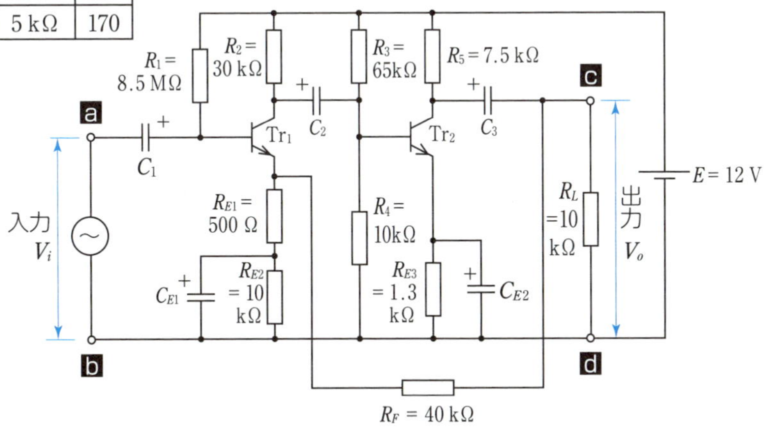

図 3.17

3.2 エミッタホロワ

電圧増幅を目的としないで，インピーダンスの変換をおもな目的として利用される増幅回路が，エミッタホロワである。また，入力インピーダンスが大きく，出力インピーダンスが小さいため，増幅回路の負荷の変動によって他の回路の動作に影響が出ないようにする緩衝増幅器（バッファ）としても用いられる。ここでは，この回路の特性について負帰還増幅回路の考え方を使って学ぶ。

1 回路の動作

図 3.18 は，エミッタ抵抗 R_E の両端から出力を取る回路であり，**エミッタホロワ**[†1] という。この回路は，出力 V_o が全部負帰還される回路であり，いままでの増幅回路とは異なった性質を持っている。

[†1] emitter follower

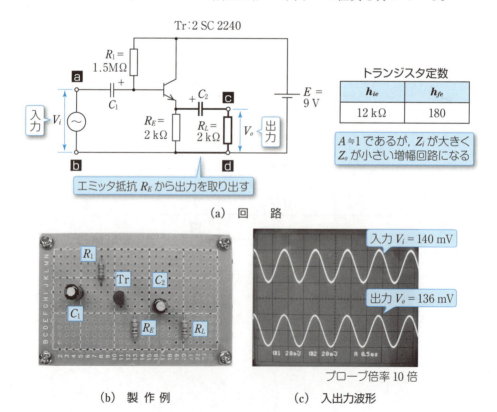

図 3.18 エミッタホロワ

2 増幅度

交流回路を描くと図3.19になる。この回路から，V_i，V_o は

$$V_i = h_{ie}I_b + R_L'(I_b + I_c) = h_{ie}I_b + (1+h_{fe})R_L'I_b$$

$$V_o = R_L'(I_b + I_c) = (1+h_{fe})R_L'I_b$$

であり，電圧増幅度 A はつぎのようになる。

（電圧増幅度）　　$A = \dfrac{V_o}{V_i} = \dfrac{(1+h_{fe})R_L'}{h_{ie}+(1+h_{fe})R_L'}$ 　　　　(3.14)

一般に，$h_{ie} \ll (1+h_{fe})R_L'$ となるので，上式はつぎのようになる。

（電圧増幅度）　　$A \fallingdotseq \dfrac{(1+h_{fe})R_L'}{(1+h_{fe})R_L'} = 1$ 　　　　(3.15)

すなわち，エミッタホロワでは電圧増幅度は1となる。

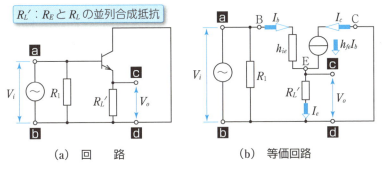

図3.19　交流回路

問 5　エミッタホロワの電流増幅度 A_I と電力増幅度 A_P を求めなさい。

3 入出力インピーダンス

1 入力インピーダンス Z_i

図3.20のように，エミッタに入る抵抗 R_L' は，ベースへ $(1+h_{fe})R_L'$ の抵抗を接続するのと等しい働きを持っているので，B-E間から見た入力インピーダンス Z_i はつぎのようになる。

（入力インピーダンス）　　$Z_i = h_{ie} + (1+h_{fe})R_L' \fallingdotseq (1+h_{fe})R_L'$ 　　　　(3.16)

したがって，エミッタホロワでは，入力インピーダンスを大きくするこ

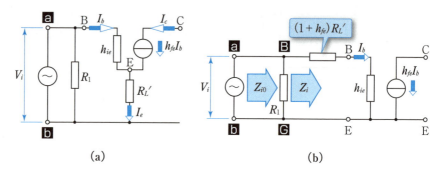

図 3.20　入力インピーダンス

とができる。

また，入力端子から見た入力インピーダンス Z_{i0} は，R_1 が Z_i と並列に加わるのでつぎのようになる。

$$Z_{i0} = \frac{R_1 Z_i}{R_1 + Z_i} \tag{3.17}$$

問 6　図 3.18（a）の回路の Z_i と Z_{i0} を求めなさい。

2　出力インピーダンス Z_o

図 3.21 において，出力インピーダンス Z_o は，テブナンの定理により，R_E を短絡したときに流れる電流 I_s と，R_E を開いたときに生じる電圧 V_o によって，次式で求められる。ただし，V_i の内部抵抗を R_G とし，$R_1 \gg R_G$ として，R_1 を省略して考える。

$$Z_o = \frac{V_o}{I_s} \tag{3.18}$$

したがって，図 3.21（c）から

$$I_s = I_b + h_{fe} I_b = (1 + h_{fe}) I_b$$

$$I_b = \frac{V_i}{h_{ie} + R_G}$$

であるから

$$I_s = (1 + h_{fe}) \frac{V_i}{h_{ie} + R_G}$$

また，$V_o = V_i$ であるから

$$\text{（出力インピーダンス）} \quad Z_o = \frac{V_o}{I_s} = \frac{h_{ie} + R_G}{1 + h_{fe}} \tag{3.19}$$

となり，エミッタホロワでは出力インピーダンスは小さくなる。

また，出力端子から見た出力インピーダンス Z_{o0} は，R_E が Z_o と並列に

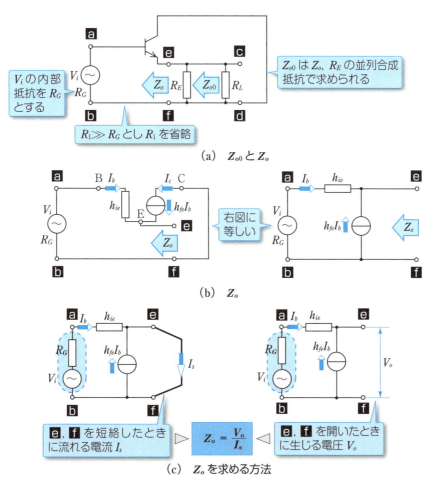

(a) Z_{o0} と Z_o

(b) Z_o

(c) Z_o を求める方法

図 3.21　出力インピーダンス

加わるのでつぎのようになる。

$$Z_{o0} = \frac{R_E Z_o}{R_E + Z_o} \tag{3.20}$$

一般に，図 3.22 のように，エミッタホロワは電圧増幅度が 1 であり，Z_i は大きく，Z_o は小さな値となるので，スピーカのような低インピーダンスの負荷に大きな電力を供給する場合などに，インピーダンス変換回路

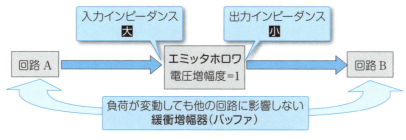

図 3.22　エミッタホロワの役割

として用いられる。

また,なんらかの原因で負荷の変動があった場合,電圧の変動がなく,他の回路の動作に影響がでない**緩衝増幅器（バッファ）**[†1]として働く。

[†1] buffer amplifier

<blockquote>
問 7 図3.18（a）の回路の Z_o と Z_{o0} を求めなさい。ただし,$R_G = 1\,\mathrm{k\Omega}$ とし,$R_1 \gg R_G$ として R_1 を省略して考える。
</blockquote>

4 コレクタ接地増幅回路

エミッタホロワの交流回路は,図3.23のようにも表すことができる。この回路は,入出力の共通端子としてコレクタを用いているので,**コレクタ接地増幅回路**または**コレクタ共通接続増幅回路**ともいう。

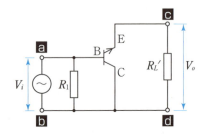

図3.23 コレクタ接地増幅回路

3.3 直接結合増幅回路

RC 結合増幅回路は，結合コンデンサによって交流分だけを増幅する。直流分はコンデンサによって遮断されるので，超低周波信号や直流信号などを増幅することはできない。ここでは，超低周波信号や直流信号を増幅する直接結合増幅回路について学ぶ。

1 回路の動作

結合コンデンサを使わないで，前段と後段を直接結合する増幅回路を**直接結合増幅回路**または**直結増幅回路**という。

図 3.24 のエミッタ接地の 2 段直結増幅回路は，Tr_1 のバイアスを，Tr_2 のエミッタ回路から Tr_1 のベースに接続した帰還抵抗 R_F から得ている。

❶ Tr_1 に流れているコレクタ電流 I_C がなんらかの原因で，増加（または減少）し始めようとすると，Tr_1 のコレクタ電圧は低下（または上昇）する。

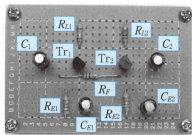

(b) 製作例

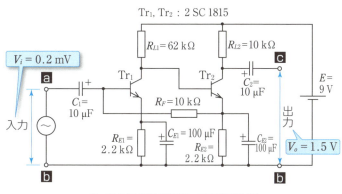

(a) 回　路

V_i，V_o は実際に測定した値（実効値）

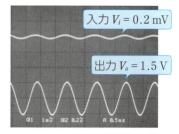

プローブ倍率10倍

(c) 入出力波形

図 3.24 エミッタ接地の 2 段直結増幅回路

2 これにより Tr_2 のエミッタ電圧も低下（または上昇）するが，帰還抵抗 R_F に流れる電流も減少（または増加）する。

3 帰還抵抗 R_F に流れる電流は Tr_1 のベース電流そのものなので，この電流が減る（増える）と Tr_1 のコレクタ電流も減少（増加）する。

すなわち，I_C に変化があっても，もとの値を維持しようとする作用が帰還抵抗 R_F により行われる。これは直流分の負帰還回路なので，交流分に対して負帰還回路とはならないため，回路のバイアスの安定化が行われる。

2 増幅度

直結増幅回路の電圧増幅度は図 3.25 の等価回路から求める。

1 段目の電圧増幅度 A_{V1} は

$$A_{V1} = \frac{R_L'}{h_{ie1}} h_{fe1} = \frac{8.6 \times 10^3}{30 \times 10^3} \times 130 = 37.3$$

2 段目の電圧増幅度 A_{V2} は

$$A_{V2} = \frac{R_L''}{h_{ie2}} h_{fe2} = \frac{10 \times 10^3}{10 \times 10^3} \times 140 = 140$$

直結増幅回路全体の電圧増幅度 A_V，電圧利得 G_V は

$$A_V = A_{V1} A_{V2} = 37.3 \times 140 = 5\,222$$

$$G_V = 20 \log_{10} A_V = 20 \log_{10} 5\,222 = 74.4 \text{ dB}$$

となる。

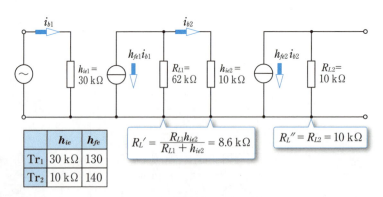

図 3.25

問 8 図 3.24 の回路において，$R_{L1} = 50$ kΩ，$R_{L2} = 6$ kΩ であるとき，回路全体の電圧増幅度 A_V と電圧利得 G_V を求めなさい。ただし，トランジスタ定数を表 3.1 とする。

表 3.1

	h_{ie}	h_{fe}
Tr_1	20 kΩ	135
Tr_2	4.5 kΩ	150

学習のポイント

1 負帰還増幅回路（図3.26）

　帰還とは，出力の一部をなんらかの方法で入力へ戻すことをいい，入力信号と帰還信号の位相が逆相のとき，負帰還という。位相が同相のときは正帰還という。

増幅回路の増幅度　　$A_0 = \dfrac{V_o}{V_i - V_f}$

帰還回路の帰還率　　$\beta = \dfrac{V_f}{V_o}$

負帰還増幅回路の増幅度　　$A = \dfrac{A_0}{1 + \beta A_0}$

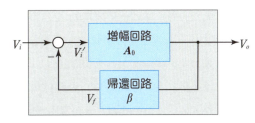

図3.26

2 エミッタ抵抗による負帰還（図3.27）

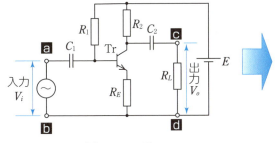
(a) 回路

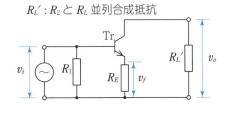
(b) 交流回路

図3.27

$A_0 = \dfrac{R_L{'}}{h_{ie}} h_{fe}, \qquad \beta = \dfrac{R_E}{R_L{'}}, \qquad Z_i = h_{ie} + (1 + h_{fe}) R_E$

3 2段増幅回路の負帰還（図3.28）

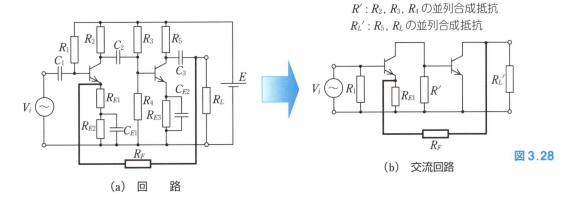

(a) 回　路　　　　　　　　　　　　　(b) 交流回路

図3.28

$A_1 = \dfrac{V_o{'}}{V_i} = \dfrac{R_{L1}{'} h_{fe1}}{h_{ie1} + (1 + h_{fe1}) R_{E1}}, \qquad R_{L1}{'}$ は R' と h_{ie2} の並列合成抵抗

$A_2 = \dfrac{R_L{'}}{h_{ie2}} h_{fe2}, \quad A_0 = A_1 A_2, \quad \beta = \dfrac{V_f}{V_o} = \dfrac{R_{E1}}{R_F + R_{E1}}$

4 エミッタホロワ　　インピーダンス変換器，緩衝増幅器として使われる。

章 末 問 題

1 負帰還と正帰還の違いを示しなさい。また，増幅回路に負帰還が多く利用される理由を簡単に示しなさい。

2 図3.29の回路において，つぎの問に答えなさい。

（1） 回路の電圧増幅度 A_V および入力端子から見た入力インピーダンス Z_{i0} を求めなさい。

（2） バイアスを変えずに，入力端子から見た入力インピーダンスを 100 kΩ 以上にするには，R_{E1}，R_{E2} をいくらにすればよいか求めなさい。また，そのときの電圧増幅度 A_V を求めなさい。

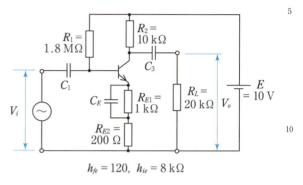

図3.29

3 図3.30の回路において，つぎの問に答えなさい。

（1） Tr_1 のバイアスが $I_C = 0.5$ mA，$V_{CE} = 3.5$ V となるように，R_{E1}，R_1 を決めなさい。ただし，$V_{BE1} = 0.6$ V とする。

（2） R_F をはずしたときの電圧増幅度 $\dfrac{V_o}{V_i}$ を求めなさい。ただし，R_{E1}，R_1 は（1）で求めた値とする。

（3） R_F を接続したとき，電圧増幅度を 30 倍にするには，R_F をいくらにすればよいか求めなさい。

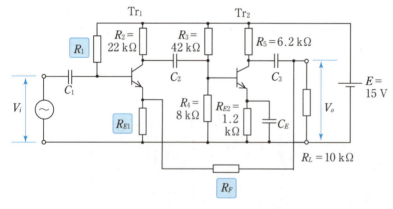

図3.30

4 エミッタホロワの特徴を示しなさい。

4章

演算増幅器

本章では，特性の同じ二つのトランジスタを使う差動増幅回路の原理を理解するとともに，差動増幅回路を入力部に用いている演算増幅器の基本的な使い方を学ぶ。演算増幅器は増幅や発振などさまざまな用途に利用されている。

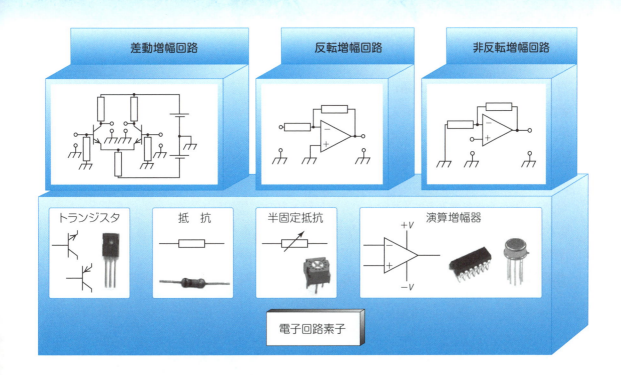

学習の流れ

4.1 トランジスタによる差動増幅回路

特性の同じ二つのトランジスタを使い，それぞれの入力の差を増幅する回路。

（1）　回路の動作
（2）　バイアスと増幅度
（3）　特　徴　⇨　雑音に強い。広帯域増幅が可能。負帰還がかけやすい。

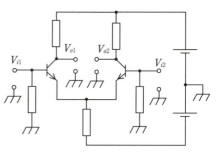

差動増幅回路

4.2 演算増幅器

OPアンプともいい，増幅や発振など幅広い用途に使用されている。

（1）　特　徴

① 二つの入力端子と一つの出力端子を持つ増幅器。
② 二つの入力電圧差をきわめて大きい増幅度で増幅する。
③ 直流から高い周波数まで増幅できる。
④ 入力インピーダンスが大きい。
⑤ 出力インピーダンスが小さい。

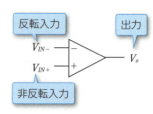

演算増幅器

（2）　反転増幅回路

① 入力信号と出力信号が逆相となる演算増幅器。
② 増幅度　⇨　$-\dfrac{R_2}{R_1}$

（3）　非反転増幅回路

① 入力信号と出力信号が同相となる演算増幅器。
② 増幅度　⇨　$1+\dfrac{R_2}{R_1}$

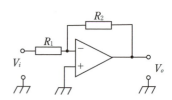

反転増幅回路

（4）　イマジナルショート（仮想短絡）

① 演算増幅器の反転入力と非反転入力が，あたかも短絡しているように見えること。
② 反転増幅回路や非反転増幅回路のように負帰還のあるとき，イマジナルショートする。
③ イマジナルショートするのは，反転入力と非反転入力の入力電圧差が0Vになるように，演算増幅器が出力を制御するためである。

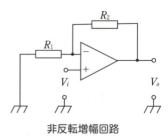

非反転増幅回路

（5）　実際の演算増幅器　⇨　両電源および単電源で動作する演算増幅器の例。
（6）　比較回路　⇨　基準電圧と入力信号を比較して，基準電圧を境に出力が変化する回路。

4.1 トランジスタによる差動増幅回路

特性が同じ二つのトランジスタを使い，それぞれの入力電圧の差を増幅する回路が差動増幅回路である。安定した特性が得られるため，集積化された増幅回路の入力などによく使われる。ここでは，この回路の動作や特性について学ぶ。

1 回路の動作

図 4.1 は，特性の等しいトランジスタ 2 個のエミッタを共通に接続し，それぞれのベースを入力にし，またコレクタを出力にした**差動増幅回路**[†1]である。この回路では，入力 V_{i1}，V_{i2} の差の電圧を増幅し，出力 V_{o1}，V_{o2} には，たがいに逆相の電圧を得ることができる。

[†1] differential amplifier

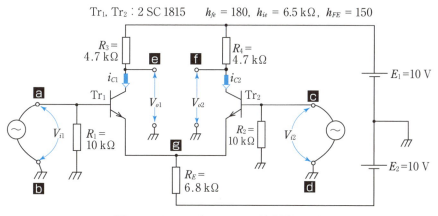

図 4.1 トランジスタによる差動増幅回路

つぎに，動作を調べてみよう。

（a） $v_{i1}=0$，$v_{i2}=0$ のとき

入力のないときの電圧，電流すなわちバイアスは，回路が対称であるから，両トランジスタともに，I_C，V_{CE}，V_{BE} は等しい。

（b） v_{i1} だけ入力が加わったとき

交流分の回路を考えると，図 4.2（a）のように，両トランジスタのベース間に電圧 v_{i1} が加わる。

よって，v_{i1} によって起こるコレクタ電流の変化は，図（b）のように，バイアスを中心に比例した大きさで起こり，i_{C1} が増加のときには i_{C2} は減少し，i_{C1} が減少のときには i_{C2} は増加する。

したがって，出力電圧 v_{o1} は v_{i1} に比例した大きさで，v_{i1} と逆相になる。また，v_{o2} は v_{i1} と同相となる。

入力が v_{i2} だけのときも同様の動作をする。

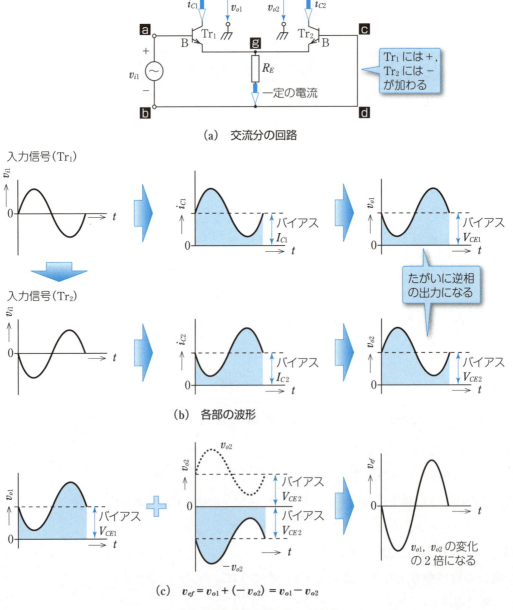

図 4.2　片方の入力が加わったとき

（c） v_{i1}, v_{i2} の二つの入力が加わったとき

図 4.3 のように，二つの電圧がそれぞれ両トランジスタのベースに加わる。このとき出力 v_{o1}, v_{o2} は，それぞれ v_{i1}, v_{i2} に比例した大きさで，それぞれ v_{i1}, v_{i2} と逆相になる。したがって，出力の差 $(v_{o1} - v_{o2})$ は入力

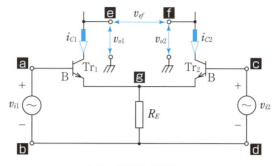

(a) 交流分の回路

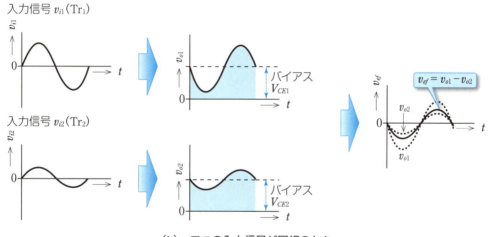

(b) 二つの入力信号が同相のとき

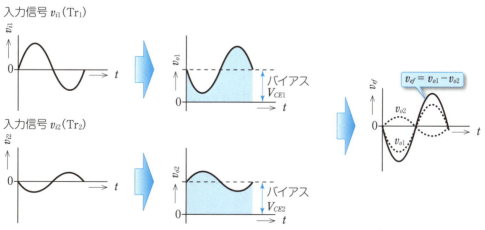

(c) 二つの入力信号が逆相のとき

図 4.3 両方の入力が加わったとき

の差（$v_{i1} - v_{i2}$）に比例した大きさで，入力の差の波形と逆相になる。

2 バイアスと増幅度

1 バイアス

図 **4.1** の回路のバイアスを求めてみよう。

回路は対称であるから，I_C，I_B，V_{BE}，I_E は，両トランジスタともに等しい。したがって，$I_C = h_{FE}I_B$，$I_E \fallingdotseq I_C$，$E_1 = E_2 = E$ とすれば，図 **4.4**（a）の回路にキルヒホッフの第 2 法則をあてはめ，次式が成り立つ。

$$E = R_1 I_B + V_{BE} + 2R_E I_C = R_1 I_B + V_{BE} + 2R_E h_{FE} I_B$$
$$= (R_1 + 2R_E h_{FE})I_B + V_{BE} \qquad (4.1)$$

したがって

$$I_B = \frac{E - V_{BE}}{R_1 + 2R_E h_{FE}} \qquad (4.2)$$

V_{CE} は，図 **4.4**（b）の回路にキルヒホッフの第 2 法則をあてはめ

$$2E = R_3 I_C + V_{CE} + 2R_E I_C$$

から，つぎのようになる。

$$V_{CE} = 2E - (R_3 + 2R_E)I_C \qquad (4.3)$$

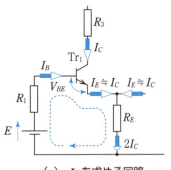 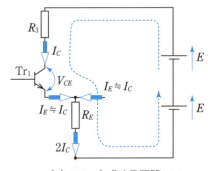

（a）I_B を求める回路 　　　　　　（b）V_{CE} を求める回路

図 **4.4**　バイアスを求める回路

例題 1

図 **4.1** の回路の I_B，I_C，V_{CE} を求めなさい。ただし，$V_{BE} = 0.6\,\text{V}$，$h_{FE} = 150$ とする。

解答

$$I_B = \frac{E - V_{BE}}{R_1 + 2R_E h_{FE}} = \frac{10 - 0.6}{10 \times 10^3 + 2 \times 6.8 \times 10^3 \times 150} = 4.59 \times 10^{-6}\,\text{A}$$

$$= 4.59\,\mu\text{A}$$
$$I_C = h_{FE}I_B = 150 \times 4.59 \times 10^{-6} = 0.689 \times 10^{-3}\,\text{A} = \underline{0.689\,\text{mA}}$$
$$V_{CE} = 2E - (R_3 + 2R_E)I_C$$
$$= 2 \times 10 - (4.7 \times 10^3 + 2 \times 6.8 \times 10^3) \times 0.689 \times 10^{-3} = \underline{7.39\,\text{V}}$$

問 1 図 4.1 の回路で,$R_1 = 20\,\text{k}\Omega$,$R_1 = 100\,\text{k}\Omega$ のそれぞれの場合の I_C を求めなさい。

2 増幅度

差動増幅回路は,図 4.3 に示すように二つの入力電圧の差 ($V_{i1} - V_{i2}$) を増幅する。いま,$V_{i1} - V_{i2} = V_i$,$V_{i1} = -V_{i2}$ として電圧増幅度を求めてみよう。

このとき,V_i の電圧が両トランジスタのベースに加わることになる。また,エミッタ抵抗 R_E の両端の電圧がほぼ一定であると見なせば,交流回路を描くと,$\frac{1}{2}V_i$ が両トランジスタのベース-エミッタ間に加わるようになり,図 4.5 のようになる。

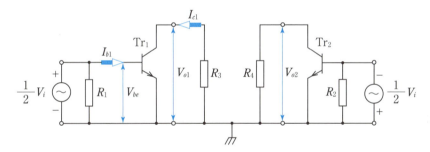

図 4.5 交流回路

したがって,一方の出力 V_{o1} または V_{o2} に対する電圧増幅度 A_s は,エミッタ接地のときと同様に次式で求まる。

$$V_{i1} = \frac{1}{2}V_i = V_{be} = h_{ie}I_{b1} \tag{4.4}$$

$$V_{o1} = R_3 I_{C1} = R_3 h_{fe} I_{b1} = h_{fe}\frac{R_3}{h_{ie}}V_{i1} \tag{4.5}$$

したがって

(片出力に対する電圧増幅度) $\quad A_s = \dfrac{V_{o1}}{V_i} = \dfrac{1}{2}h_{fe}\dfrac{R_3}{h_{ie}} \tag{4.6}$

両コレクタから出力 V_o を得るならば，そのときの電圧増幅度 A は

$$A = 2A_s \tag{4.7}$$

となる。

例題 2

図 4.1 の回路の電圧増幅度 A_s を求めなさい。

解答

$$A_s = \frac{1}{2} h_{fe} \frac{R_3}{h_{ie}} = \frac{1}{2} \times 180 \times \frac{4.7 \times 10^3}{6.5 \times 10^3} = \underline{65.1}$$

問 2 図 4.1 の回路で，$R_3 = 5.1\,\mathrm{k\Omega}$ のときの電圧増幅度 A_s を求めなさい。

3 差動増幅回路の特徴

差動増幅回路は，トランジスタ 2 個の特性が等しく，また，エミッタ電流が定電流になれば，つぎのような特徴を持つ。

（a） **雑音に強い**

普通の回路では，雑音が入るとその雑音も増幅されるが，差動増幅回路は，雑音が両方の入力に同じように入るので，雑音成分は打ち消される。

（b） **広帯域増幅ができる**

差動増幅回路では，入出力にコンデンサを必要としないため，直流から増幅することができ，周波数帯域の広い増幅回路ができる。

（c） **負帰還がかけやすい**

二つの入力のうち一方を帰還入力とすれば，負帰還増幅回路が構成できる。

4.2 演算増幅器

集積化された増幅回路の代表的なものが演算増幅器である。増幅や発振などに用いられ，用途の広い汎用増幅回路である。ここでは，演算増幅器の基本的な使い方について学ぶ。

1 演算増幅器の動作

演算増幅器[†1]は，基本的に，反転入力，非反転入力の二つの入力と，一つの出力からなる増幅器である。図4.6に演算増幅器の図記号，外形，内部構造例を示す。正と負の電源を必要とするものと，単電源で動作するものがある。演算増幅器の特徴を示すとつぎのようになる。

① 入力電圧の差を増幅する差動増幅回路になっている。
② 増幅度 A が非常に大きい。
③ 直流から高い周波数まで増幅できる。

[†1] operational amplifier
OPアンプ，オペアンプともいう。

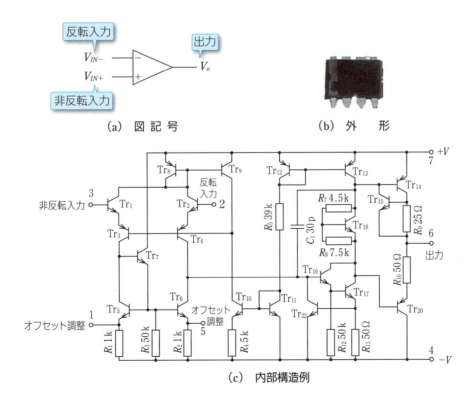

図4.6 演算増幅器の図記号，外形，内部構造

④ 入力インピーダンス Z_i が大きい。

⑤ 出力インピーダンス Z_o が小さい。

図 4.7 のように，A は∞，Z_i は∞，Z_o は 0 としたものが理想的な演算増幅器である。ただし，出力電圧は電源電圧を超えることはない。

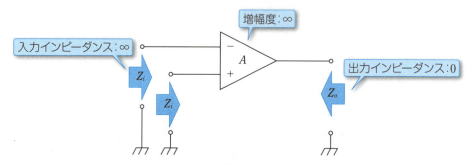

図 4.7　理想的な演算増幅器

演算増幅器は，負帰還や正帰還をかけて使うことにより，増幅回路だけでなく，入力電圧を加減算した出力を得たり，微分・積分した出力を得るなど，いろいろな電子回路に利用される。

また，一般に演算増幅器は，トランジスタなどの個別素子で作ることは少なく，図 4.6（b）のように集積回路となっている。

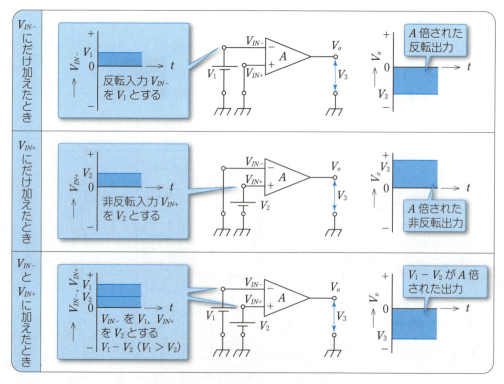

図 4.8　演算増幅器の基本動作

図 4.8 は演算増幅器の基本動作をまとめたもので、つぎの①〜③の条件で入力側に電圧を加えたときの出力側の状態を示す。

① **反転入力 V_{IN-} にだけ加えたとき**

非反転入力を 0、反転入力を V_1 とすると、A 倍された反転出力 V_3 が得られる。

② **非反転入力 V_{IN+} にだけ加えたとき**

反転入力を 0、非反転入力を V_2 とすると、A 倍された非反転出力 V_3 が得られる。

③ **反転入力 V_{IN-} と非反転入力 V_{IN+} に加えたとき**

反転入力を V_1、非反転入力を V_2 とすると、入力電圧の差 V_1-V_2（$V_1 > V_2$）が A 倍された反転出力[†1] V_3 が得られる。

[†1] $V_1 < V_2$ の場合は非反転出力となる。

問 3 図 4.8 において、演算増幅器の電圧増幅度 A を 100 として、非反転入力を 0.08 V、反転入力を 0.1 V としたとき、出力電圧を求めなさい。

2 反転増幅回路としての利用

図 4.9 は**反転増幅回路**または**逆相増幅回路**といい、入力電圧 V_1 を R_1 を通して反転入力とし、出力電圧 V_2 を R_2 を通して入力側に戻すことによって、負帰還増幅回路を構成している。

図において、演算増幅器に相当する部分の電圧増幅度が無限大に近い値をとることを考えると、$\dfrac{V_2}{V_i}=\infty$ となるためには、$V_i=0$ である必要がある。これは、演算増幅器の入力インピーダンスが大きいにもかかわらず、$V_i=0$ なので、反転入力と非反転入力がショートしているように見える。これを**仮想短絡**または**バーチャルショート**[†2] という。

したがって、点 a の電位は 0 V となる。それによって、抵抗 R_1 には $I_1=\dfrac{V_1}{R_1}$ の電流が流れる。ところが、演算増幅器の入力インピーダンスは無限大なので、電流 I_1 は R_2 を通ることになり、R_2 の両端に $R_2 I_1$ の電圧降下を生じる。

また、点 a は仮想短絡のため 0 V となっているので

$$V_2 = -R_2 I_1 = -R_2 \dfrac{V_1}{R_1} = -\dfrac{R_2 V_1}{R_1}$$

となる。

したがって、反転増幅回路の電圧増幅度 A は次式となり、抵抗の値だ

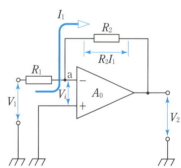

図 4.9 反転増幅回路

[†2] virtual short、イマジナリショートということもある。

けで決まる。

$$\text{(反転増幅回路の電圧増幅度)} \quad A = \frac{V_2}{V_1} = \frac{-\dfrac{R_2 V_1}{R_1}}{V_1} = -\frac{R_2}{R_1} \quad (4.8)$$

ここで，(−) 符号は位相の反転を意味する。

問 4 図 4.9 の回路において，$R_1 = 4.7\ \text{k}\Omega$，$R_2 = 47\ \text{k}\Omega$ のとき，電圧増幅度 A を求めなさい。

3 非反転増幅回路としての利用

入力と出力が同相となる負帰還増幅回路を**非反転増幅回路**または**同相増幅回路**といい，図 4.10 に示す。

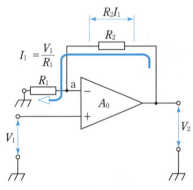

図 4.10 非反転増幅回路

入力 V_1 を非反転入力とすると，演算増幅器の二つの入力端子間電圧は，仮想短絡によって 0 V となる。したがって，点 a の電圧は V_1 となり，流れる電流 I_1 は次式となる。

$$I_1 = \frac{V_1}{R_1}$$

一方，演算増幅器の入力インピーダンスは大きいので，I_1 は図 4.10 のように流れ，次式となる。

$$V_2 = (R_1 + R_2) I_1 = (R_1 + R_2) \frac{V_1}{R_1}$$

したがって，非反転増幅回路の電圧増幅度 A は

$$\begin{pmatrix}\text{非反転増幅回路の}\\\text{電圧増幅度}\end{pmatrix} \quad A = \frac{V_2}{V_1} = \frac{\dfrac{(R_1 + R_2) V_1}{R_1}}{V_1} = 1 + \frac{R_2}{R_1} \quad (4.9)$$

となる。

問 5 図 4.10 の回路において，$R_1 = 4.7\ \text{k}\Omega$，$R_2 = 47\ \text{k}\Omega$ のとき，電圧増幅度 A を求めなさい。

4 実際の演算増幅器

1 両電源で使用する場合

図 4.11 は，正と負の電源が必要な演算増幅器の例である。演算増幅器

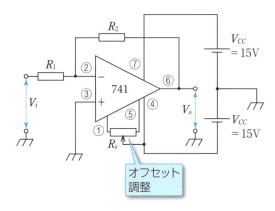

図 4.11 両電源で使用する演算増幅器の回路例

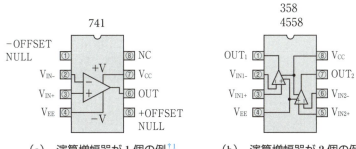

(a) 演算増幅器が1個の例[†1] (b) 演算増幅器が2個の例

図 4.12 演算増幅器のピン配置

[†1] ピンの中の丸番号は図 4.11 中の丸番号と対応している。

には，図 4.12 のように一つのパッケージに一つの演算増幅器が入っているものと，複数個の演算増幅器が入っているものがある。ピンには，電源端子，入出力端子のほかに，オフセット電圧調整用として**オフセットヌル**[†2]端子がある。

[†2] offset null

2 単電源で使用する場合

ディジタル回路は，5Vや12Vなどの単電源がおもに使われている。ディジタル回路に演算増幅回路を組み込む場合，単電源で動作させる必要がある。

単電源で演算増幅器を動作させると，直流信号は増幅することができるが，交流信号の場合，信号の正の部分しか増幅することができない。そこで，交流信号を増幅する場合は，図 4.13 や図 4.14 のようにバイアスを加えることにより，単電源で使用することができる[†3]。

一般の演算増幅器は，単電源でも動作させることができるが，0V付近の入力信号を増幅する場合は，単電源専用の演算増幅器を用いる必要がある。

[†3] 取り扱える出力信号は，電源電圧の半分程度になる。

4章 演算増幅器

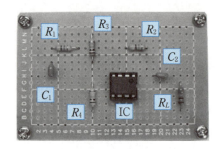

(b) 製作例

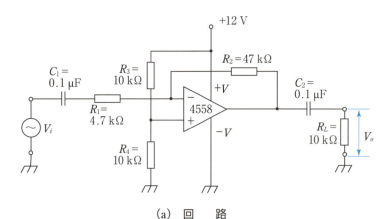

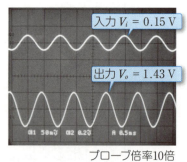

(c) 入出力波形

(a) 回　路

図 4.13　単電源で動作する反転増幅回路

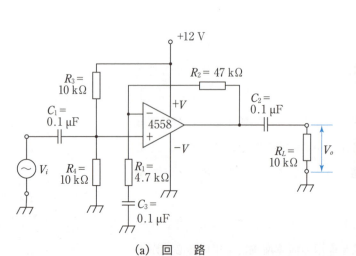

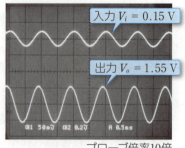

(b) 製作例

(c) 入出力波形

(a) 回　路

図 4.14　単電源で動作する非反転増幅回路

問 6 図 4.15（a），（b）の回路の電圧増幅度 A を求めなさい。

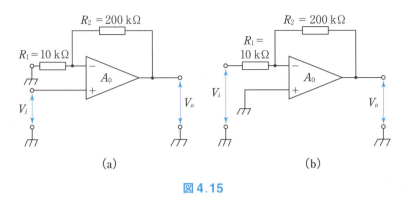

図 4.15

5 比較回路

ある一つの基準電圧を境に出力が変わる回路を**比較回路**または**コンパレータ**[†1] といい，過電圧や過電流を検出して，電子回路や機器の保護などに使われる。

図 4.16（a）の回路において，反転入力端子にオフセット[†2] した正弦波交流信号 V_i を加えると，非反転入力端子の電圧 V_{R2} を超えたとき，出力 V_o は 0 V となり，超えなければ飽和電圧 V_s[†3] を出力する。

[†1] comparator

[†2] 直流分を加えること。

[†3] 演算増幅器に帰還をかけていないので増幅度が非常に大きくなり，飽和電圧 V_s で飽和する。

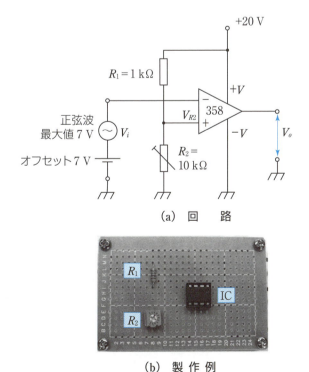

(a) 回　路

(b) 製作例

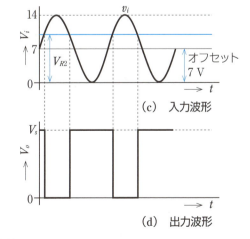

(c) 入力波形

(d) 出力波形

図 4.16　比較回路

図 4.17 は，R_2 の値を調節して，非反転入力端子の電圧 V_{R2} の値が変化したときの出力信号 v_o の様子を表している。

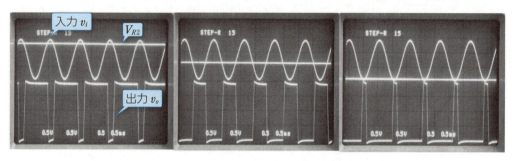

(a)　V_{R2} 大(約 13 V)　　　(b)　V_{R2} 中(約 6 V)　　　(c)　V_{R2} 小(約 1 V)

図 4.17　V_{R2} の変化による出力波形 v_o の変化

問 7　図 4.16（a）の比較回路において，非反転入力端子の電圧 V_{R2} が 8 V のとき R_2 の値を求めなさい。

問 8　図 4.16（a）の比較回路において，R_2 の値が 1 kΩ であったとき，出力 V_o の波形を描きなさい。ただし，飽和電圧 V_s は 20 V とする。

学習のポイント

1 差動増幅回路（図4.18）

特性が同じ二つのトランジスタを使い，それぞれの入力電圧の差を増幅する回路を差動増幅回路という。

増幅度 $A_s = \dfrac{V_{o1}}{V_i} = \dfrac{1}{2} h_{fe} \dfrac{R_3}{h_{ie}}$, $A = \dfrac{V_{12}}{V_i} = 2A_s$

($V_i = V_{i1} - V_{i2}$, $V_{12} = V_{o1} - V_{o2}$)

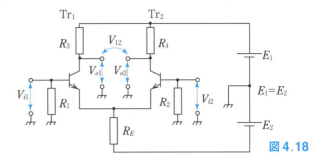

図4.18

2 演算増幅器 差動入力を持ち，増幅度が非常に大きい直流増幅器である。入力インピーダンスは大きく，出力インピーダンスは小さい。多くのものはIC化されている。OPアンプともいう。

3 反転増幅回路（逆相増幅回路）（図4.19）

入力信号を反転入力端子に加え，出力信号の位相が入力信号に対して反転する負帰還の演算増幅回路。

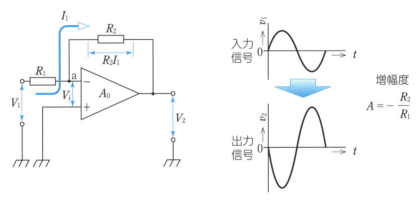

増幅度 $A = -\dfrac{R_2}{R_1}$

図4.19

4 非反転増幅回路（同相増幅回路）（図4.20）

入力信号を非反転入力端子に加え，出力信号が入力信号と同相になる負帰還の演算増幅回路。

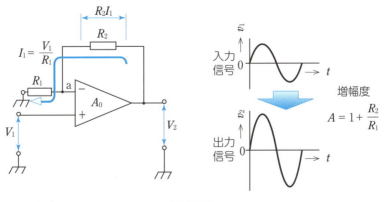

増幅度 $A = 1 + \dfrac{R_2}{R_1}$

図4.20

5 比較回路 入力信号を基準電圧と比較して，基準電圧を境に出力が変わる回路を比較回路またはコンパレータという。

章末問題

1. 差動増幅回路の特徴を挙げなさい。

2. 図 4.21 は同じ特性のトランジスタ Tr_1，Tr_2 で組んだ差動増幅回路である。電圧増幅度 A_s を求めなさい。

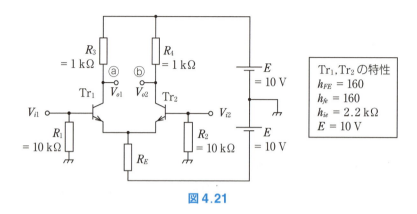

図 4.21

3. 演算増幅器の特性を挙げなさい。

4. 図 4.22 の演算増幅回路の電圧増幅度 A を求めなさい。

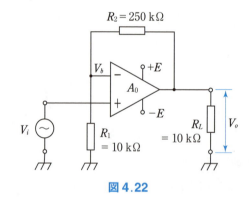

図 4.22

5. 図 4.9 の反転増幅回路において，$R_1=2\,\mathrm{k\Omega}$，$R_2=40\,\mathrm{k\Omega}$ として，入力電圧 $0.5\,\mathrm{V}$ を加えたとき，出力電圧 V_2 を求めなさい。

電力増幅・高周波増幅回路

　スピーカを駆動するには大きな電力が必要となる。このようにスピーカなどの負荷に供給する電力を大きく増幅する回路が，電力増幅回路である。また，テレビジョン受信機やラジオ受信機では，高周波の帯域幅を持つ信号を増幅する必要がある。このような回路を高周波増幅回路という。本章では，これら回路の動作や特性について学ぶ。

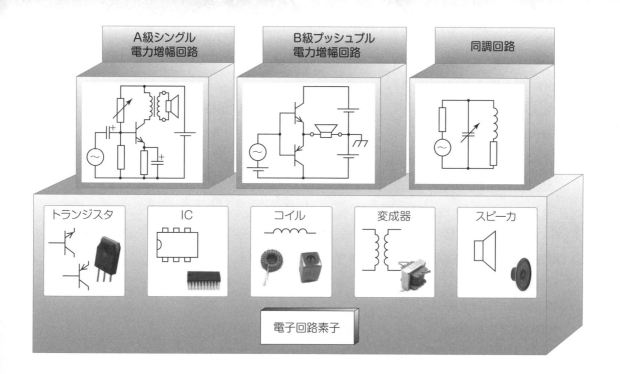

5章　電力増幅・高周波増幅回路

学習の流れ

5.1　A級シングル電力増幅回路

（1）　回路の動作

① 動作点 ⇨ 交流負荷線のほぼ中央

② 変成器の性質 ⇨ インピーダンス変換できる。

③ 出力信号 ⇨ v_{CE} は最大で電源電圧 E の2倍まで大きくなる。

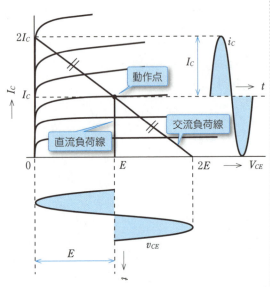

（2）　RC 結合回路との比較

（3）　特性・最大定格

① 理想最大出力電力 P_{om}

② 電源効率 ⇨ 50%

③ 最大コレクタ損 ⇨ $2P_{om}$

5.2　B級プッシュプル電力増幅回路

（1）　回路の動作

① 動作点 ⇨ 交流負荷線の $I_C=0$ の点

② 特性が等しい npn（Tr_1）と pnp（Tr_2）のトランジスタを半周期ずつ交互に動作。

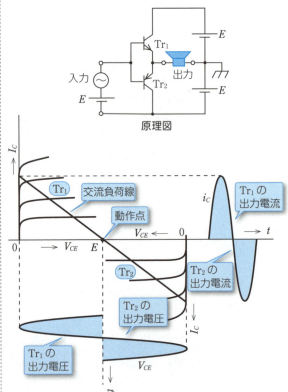

（2）　特性・最大定格

① 理想最大出力電力 P_{om}

② 電源効率 ⇨ 78.5%

③ クロスオーバひずみ

④ 最大コレクタ損 ⇨ $0.203 P_{om}$

5.3　高周波増幅回路

（1）　回路の働き ⇨ 周波数選択をする高周波増幅回路

（2）　同調回路の特性

① 同調回路の同調周波数 ⇨ $f_0 = \dfrac{1}{2\pi\sqrt{LC}}$　② 周波数帯域幅 ⇨ $B = \dfrac{f_0}{Q}$

（3）　実際の高周波増幅回路 ⇨ ストレート方式による高周波増幅回路

5.1 A級シングル電力増幅回路

電力増幅回路は，スピーカなどの負荷に電力を供給するための回路で，正しく動作させるには，前章までの内容を基本としながら，さらにいくつかの考える要素がある。ここでは，まずA級シングル電力増幅回路の動作や特性，変成器の働きなどについて学ぶ。

1 回路の動作

図5.1は変成器Tを用いて負荷R_Lに電力を供給する増幅回路である。この回路におけるトランジスタTrのコレクタ電流I_Cは，前章までに学んだ増幅回路と同じように，入力信号$V_i=0$の場合も負荷側にバイアスとして流れ，V_iが変化すると，動作点を中心にした負荷線に沿って変化する。このような動作の増幅を**A級増幅**[†1]という。

[†1] class A amplification

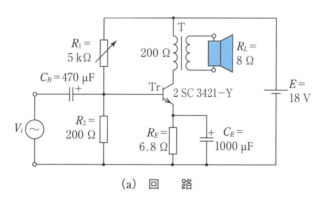

(a) 回　路

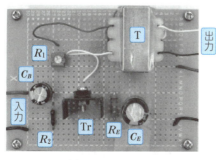

(b) 製　作　例

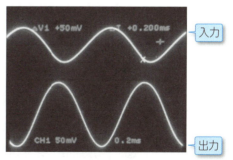

(c) 入出力波形

図5.1　A級シングル電力増幅回路

つぎに，この増幅回路を図5.2のように直流回路と交流回路に分けて，動作を考えてみよう．

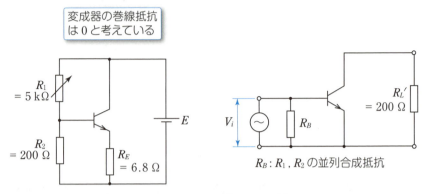

図5.2　直流回路と交流回路

1 バイアス

この増幅回路では，できるだけ大きな出力を得るために，つぎの2点に留意して，動作点を図5.3のように決めている．

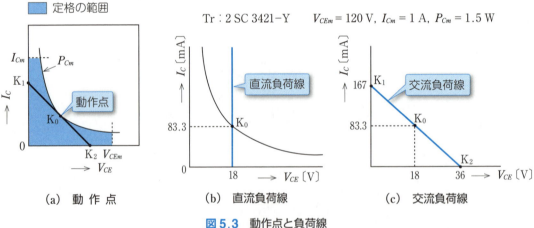

(a) 動作点　　(b) 直流負荷線　　(c) 交流負荷線

図5.3　動作点と負荷線

① **最大定格の範囲内で，できるだけ動作点のバイアスを大きな値とする．**

図5.2の回路において，エミッタ抵抗 R_E の値を無視すれば，図5.3(b)のように，直流負荷線は $V_{CE} = E = 18$ V の点から垂直に上昇する直線となる．これにより，動作点 K_0 の V_{CE} と I_C の値が決まる．

② **動作点は，交流負荷線を2等分するように決める．**

その後，**最大出力**[†1] P_{Cm} を得るために動作点 K_0 を通り，その動作点で2等分されるように交流負荷線を引くと，図5.3(c)の直線となる．

†1 maximum output

したがって，交流回路の負荷 R_L' は，交流負荷線の傾きから

$$R_L' = \frac{36}{167 \times 10^{-3}} = 216 \ \Omega$$

となる。ここでは，最適な交流負荷 $R_L' = 216 \ \Omega$ に近い $R_L' = 200 \ \Omega$ の交流負荷を用いる。なお，図 5.1 の回路では，変成器を通じて負荷（スピーカ）$R_L = 8 \ \Omega$ が接続されているが，この変成器によって，R_L の値を $R_L' = 200 \ \Omega$ に変換している。

2 変成器の働き

図 5.4 のように，変成器は鉄心に二つのコイルを巻いたものである。

図 5.5 に示すように，変成器の一次側に電圧 V_1 を加え，二次側に負荷 R を接続すると，各部の電圧・電流の関係は，「電圧比＝巻数比」，「電流比＝巻数の逆数比」となる。

図 5.5 に示した式の関係から，つぎのようになる。

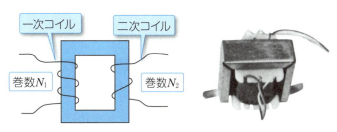

図 5.4 変成器

$$\frac{V_1}{V_2} \cdot \frac{I_2}{I_1} = \left(\frac{N_1}{N_2}\right)^2 \quad (5.1)$$

ここで，$\dfrac{V_1}{I_1} = R'$, $\dfrac{V_2}{I_2} = R$, $\dfrac{N_1}{N_2} = a$ と表せば

$$R' \frac{1}{R} = a^2$$

である。

したがって，一次側から見た負荷抵抗 R' はつぎのようになる。

$$\begin{pmatrix} 一次側から見た \\ 負荷抵抗 \end{pmatrix} \quad R' = a^2 R \ \ [\Omega] \quad (5.2)$$

これは，二次側に R を接続したことが，一次側に a^2R を接続した場合と等しく見えることを示している。すなわち，「抵抗比は巻数比の 2 乗」となる。

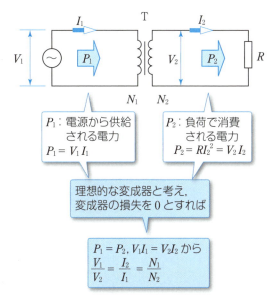

図 5.5 変成器の電圧・電流の関係

なお，この作用はインピーダンスについても同じように成り立つことから，図 5.6 のように，変成器によって**インピーダンス整合**[†1]を行うことができる。

[†1] impedance matching

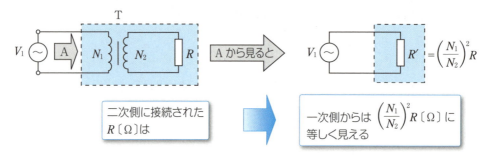

図5.6　インピーダンス整合

> **問 1**　一次側 200Ω，二次側 8Ω と表示されている変成器の巻数比 a を求めなさい。

> **問 2**　巻数比 $a=4$ の変成器の二次側に 4Ω の抵抗を接続すると，一次側にいくらの抵抗 R' を接続したように見えるか求めなさい。

3　出力信号の変化

図5.7のように，入力信号が加わると，その入力信号の変化に応じてベース電流 i_B が変化し，そのベース電流の変化に応じて，コレクタ電流 i_C，コレクタ-エミッタ間電圧 v_{CE} が変化する。

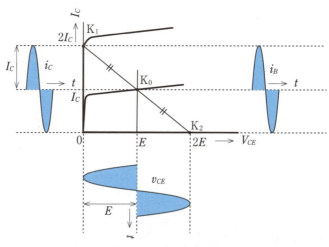

図5.7　出力信号の変化

なお，K_2 の位置からもわかるように，v_{CE} は最大で直流電源 E の 2 倍，すなわち $2E$ まで大きくなる。これは，i_C が変化した場合にコイルの逆起電力が発生し，それが E と同じ向きに加わるためである。

2　RC結合回路との比較

A級増幅では，回路に変成器を用いているが，いままでの RC 結合による回路と比べて，どのような利点があるのか調べてみよう。

1 負荷に与えられる電力

　変成器による回路の場合，変成器の損失を無視すれば，トランジスタから与えられる電力は，すべて負荷に供給される。

　しかし，RC 結合による回路の場合，交流回路を考えてみれば，図 5.8 のように，R_L' は R と R_L の並列合成抵抗となる。このため，R_L に供給される電力は，R で消費される電力を差し引いたものとなり，トランジスタから与えられる電力が，そのまますべて R_L に供給されるわけではない。

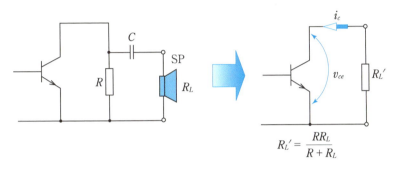

図 5.8 RC 結合による交流回路

問 3 コンデンサ C を用いずに，負荷 R_L を直接トランジスタに接続すると，どのような問題が生じるか答えなさい。

2 電源電圧の利用

　それぞれの回路の直流負荷線と交流負荷線の関係は図 5.9 のようになる。変成器を用いた場合，コイルに発生する逆起電力を利用して，直流電源 E よりも大きな電圧の V_{CE} を動作範囲にすることができるため，RC 結

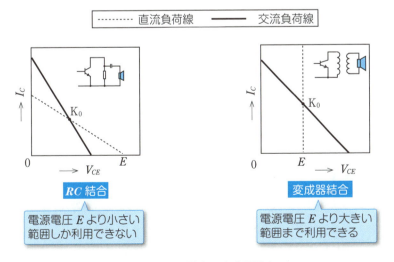

図 5.9 RC 結合と変成器結合

合の場合と比べて，大きな出力を取り出すことができる。

以上が変成器を用いた利点であるが，変成器の場合には周波数が高くなると，コイルの影響によって特性が悪くなってしまう。また，特性のよい変成器を作るには，形状が大きくなってしまう欠点もある。

3 特　性

1 理想最大出力電力 P_{om}

理想的な条件における最大出力電力 P_{om} を求めてみよう。なお，理想的な条件とはつぎのような場合である。

① 変成器や R_E による損失を無視する。
② 動作点を交流負荷線の中点とする。
③ i_C, v_{CE} は交流負荷線の全範囲で利用可能とする。

i_C, v_{CE} の最大値 i_{Cm}, v_{CEm} は，交流負荷線の全範囲を利用することから

$$i_{Cm} = \frac{E}{R_L'}, \quad v_{CEm} = E$$

となる。これらの実効値が，$I_c = \dfrac{E}{\sqrt{2}\,R_L'}$, $V_{ce} = \dfrac{E}{\sqrt{2}}$ であることから

$$\text{（理想最大出力電力）} \quad P_{om} = V_{ce} I_c = \frac{E^2}{2R_L'} \ \text{〔W〕} \tag{5.3}$$

となる。

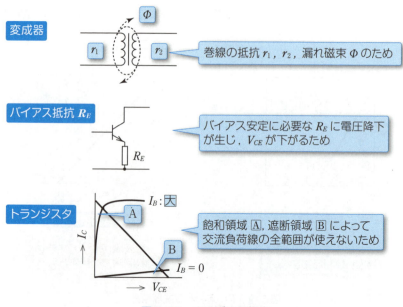

図5.10 さまざまな損失

すなわち，直流電源 E と負荷 R_L' の値が決まれば，理想最大出力電力 P_{om} が決定する。なお，実際の P_{om} は，図 5.10 のとおり，さまざまな損失があるため，理想的な条件の場合と比べて小さくなる。

問 4 A 級シングル電力増幅回路において，直流電源 $E=12\,\mathrm{V}$，負荷のインピーダンス $R_L=8\,\Omega$ のとき，理想最大出力電力 $P_{om}=1\,\mathrm{W}$ とするには，変成器のインピーダンス R_L'〔Ω〕および巻数比 a をいくらにすればよいか求めなさい。

2 電源効率 η

電源効率または**電力効率**[†1] η は，トランジスタのコレクタ側に与えられる直流出力電力 P_{DC} と，P_{om} との比から求められる。

†1 power efficiency

$$（電源効率）\quad \eta = \frac{P_{om}}{P_{DC}} \tag{5.4}$$

A 級シングル電力増幅回路の場合，P_{DC} は，図 5.11 に示す直流電流から

$$（直流出力電力）\quad P_{DC} = E\frac{E}{R_L'} = \frac{E^2}{R_L'}\ \ 〔\mathrm{W}〕 \tag{5.5}$$

である。したがって，電源効率 η はつぎのようになる。

$$\eta = \frac{\dfrac{E^2}{2R_L'}}{\dfrac{E^2}{R_L'}} = \frac{1}{2} = 0.5$$

すなわち，理想最大出力電力時でも 50% の効率しか得られない。

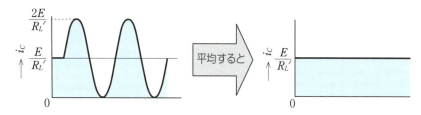

図 5.11 直流電流

問 5 A 級シングル電力増幅回路では，理想最大出力電力時でも電源効率は 50% であるが，残りの 50% の電力はどこで消費されるか答えなさい。

4 トランジスタの最大定格

ここで，P_{om} を出力する場合の Tr の最大定格を考えてみよう。

1 最大コレクタ損 P_{Cm}

A級シングル電力増幅回路では，入力信号がない場合でも

$$I_C = \frac{E}{R_L'}, \qquad V_{CE} = E$$

がつねに加わっている。なお，入力信号がある場合には，I_C が増えても V_{CE} は減り，V_{CE} が増えても I_C は減ることから，コレクタ損の最大値とは，入力信号がない状態である。したがって，つぎのようになる。

$$\text{（最大コレクタ損）} \quad P_{Cm} = E\frac{E}{R_L'} = \frac{E^2}{R_L'} = 2P_{om} \ [\text{W}] \tag{5.6}$$

2 V_{CEm} と I_{Cm}

図 5.7 からわかるようにつぎのようになる。

$$V_{CEm} = 2E, \qquad I_{Cm} = 2I_C = \frac{2E}{R_L'} \tag{5.7}$$

例題 1

図 5.1（a）の回路で，P_{om}，P_{DC}，V_{CEm}，I_{Cm}，P_{Cm} を求めなさい。

解答

① 理想最大出力電力 P_{om}

$$P_{om} = \frac{E^2}{2R_L'} = \frac{18^2}{2 \times 200} = \underline{0.81 \ \text{W}}$$

② 直流出力電力 P_{DC}

$$P_{DC} = \frac{E^2}{R_L'} = \frac{18^2}{200} = \underline{1.62 \ \text{W}}$$

③ V_{CE} の最大値 V_{CEm}

$$V_{CEm} = 2E = 2 \times 18 = \underline{36 \ \text{V}}$$

④ I_C の最大値 I_{Cm}

$$I_{Cm} = \frac{2E}{R_L'} = \frac{2 \times 18}{200} = 180 \times 10^{-3} \ \text{A} = \underline{180 \ \text{mA}}$$

⑤ 最大コレクタ損 P_{Cm}

$$P_{Cm} = 2P_{om} = 2 \times 0.81 = \underline{1.62 \ \text{W}}$$

なお，⑤で求めたコレクタ損の値は，回路で使用しているトランジスタの定

格 1.5 W を理論上超えてしまうが，実際の損失を考慮し，定格の範囲内とみなして使用する。

問 6 A級シングル電力増幅回路において，直流電源 $E=24$ V，変成器の一次側インピーダンス $R_L'=300\,\Omega$ のとき，以下の値を求めなさい。

（1） P_{om} 〔W〕　（2） P_{DC} 〔W〕　（3） V_{CEm} 〔V〕　（4） I_{Cm} 〔A〕
（5） P_{Cm} 〔W〕

5.2 B級プッシュプル電力増幅回路

5.1節のA級シングル電力増幅が比較的小さな電力増幅であったのに対し，より大きな電力で損失が少ない増幅がB級プッシュプル電力増幅である。ここでは，B級プッシュプル電力増幅回路の動作や特性，ひずみの原因や対策などについて学ぶ。

1 回路の動作

図5.12はB級プッシュプル電力増幅回路の例である。この回路は，入力信号がない場合，負荷に流れる電流が0であり，入力信号がある場合

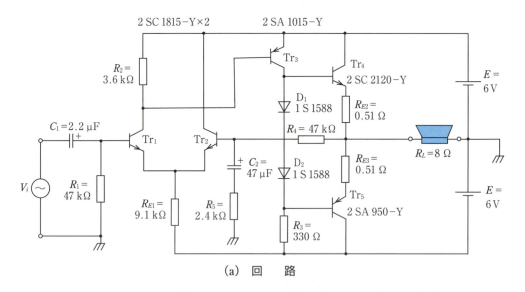

(a) 回 路

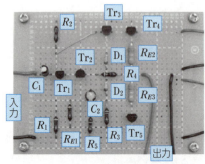

(b) 製作例

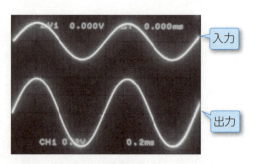

(c) 入出力波形

図5.12 B級プッシュプル電力増幅回路

に，初めて負荷に電流が流れる。これは，負荷に電力を供給するための出力トランジスタ Tr_4，Tr_5 のバイアスが，コレクタ電流 $I_C=0$ の位置を中心にして動作するように設計されているためである。このような増幅を**B級増幅**[†1] という。

[†1] class B amplification

また，Tr_4，Tr_5 には特性が等しく極性が反対である**コンプリメンタリ**[†2] が用いられ，それぞれ入力信号の正の半周期と負の半周期を増幅する。こうした動作を**プッシュプル**[†3] という。

[†2] complementary 相補形

[†3] push-pull

なお，図の回路は出力側に変成器を用いていないことから，**OTL**[†4] という。

[†4] output transformer less

1 Tr_1，Tr_2 による動作

図 5.13 は，図 5.12 の回路の初段の増幅部を書き出したものである。この回路は，前章で学んだ差動増幅であることから，入力電圧 v_i を増幅した電圧が Tr_1 のコレクタ（図 5.13（a）の a ）に出力される。なお，R_{L1} とは Tr_3 の入力抵抗であり，R_B は C_2 が直流を通さないことから，直流に対しては R_4，交流に対しては R_5 に等しい。

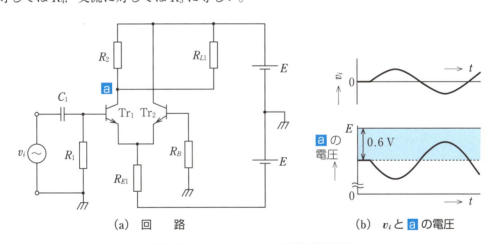

(a) 回路　　(b) v_i と a の電圧

図 5.13　Tr_1，Tr_2 による差動増幅回路

また，R_2 の両端の電圧は，$v_i=0$ のときに Tr_3 のベース-エミッタ間電圧（約 0.6 V）となるように設計しているため，v_i が加わった場合の a の電圧は，E から 0.6 V 低下した電圧を中心に変化する。

2 Tr_3 による動作

図 5.14 の回路は，トランジスタに pnp 形を用いているため，加わる電圧の向きが npn 形の場合と逆になっているが，基本的には 2 章で学んだ増幅回路と同じ動作である。ここで，R_{L2} とは，Tr_4，Tr_5 によるプッ

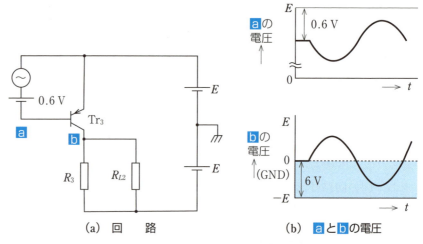

(a) 回　路　　　　　　　　(b) **a**と**b**の電圧

図 5.14　Tr₃ による基本増幅回路

シュプル回路の入力抵抗であり，D₁，D₂ は，順電圧が加わっていることから，交流の動作を考える場合には無視することができる。

なお，Tr₃ のコレクタ電圧（図 5.14（a）の**b**の電圧）は入力信号がない場合，0（GND）となるように設計している。したがって，信号が入力された場合の出力電圧（**b**の電圧）は 0（GND）を中心に変化する。

3　Tr₄，Tr₅ による動作

Tr₃ による出力は，図 5.15（a）のように変化することから，この電圧を図（b）の回路で表す。ここで，v_b は交流分だけの瞬時値を表す。さらに，エミッタ抵抗 R_{E2}，R_{E3} が非常に小さい値であることから，これらを無視すれば回路は図（c）のように簡略化できる。

そこで，この図を用いて動作を考えてみると，Tr₄，Tr₅ によるプッシュプル回路の動作は図 5.16 のようになる。

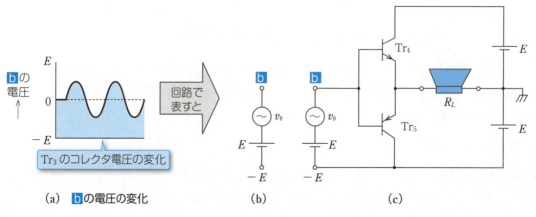

（a）　**b**の電圧の変化　　　　（b）　　　　　　（c）

図 5.15　プッシュプル回路の動作原理

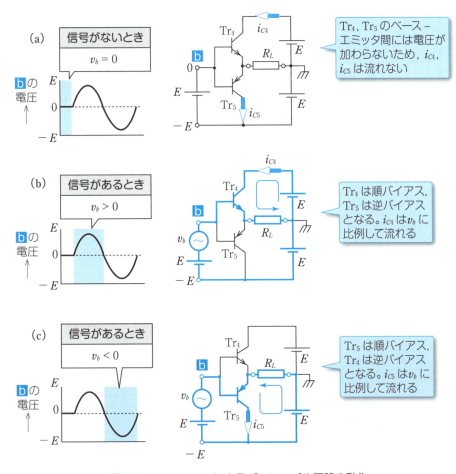

図 5.16 Tr_4, Tr_5 によるプッシュプル回路の動作

(a) **入力される信号がなく, $v_b = 0$ の場合**

入力信号がない場合, 両トランジスタの B-E 間に加わる電圧もないため, コレクタ電流は流れず, 負荷 R_L には電流が流れない。

(b) **信号が入り, $v_b > 0$ の場合**

このとき, Tr_4 は B-E 間に順電圧が加わるため能動状態となり, 入力信号の変化に比例したコレクタ電流 i_{C4} が R_L に流れる。また, Tr_5 は B-E 間に逆電圧が加わるため遮断状態となり, コレクタ電流は流れない。

(c) **信号が入り, $v_b < 0$ の場合**

(b) の場合と反対に, Tr_5 は B-E 間に順電圧が加わるため能動状態となり, 入力信号の変化に比例したコレクタ電流 i_{C5} が R_L に流れる。そして, Tr_4 は B-E 間に逆電圧が加わるため遮断状態となり, コレクタ電流は流れない。

これらの動作により, プッシュプル回路では入力信号がない場合, 負荷

に電流が流れず，電力を消費しない。そして，入力信号が加わると，波形の半周期ごとに増幅を行い，負荷に電流が流れ，電力が消費される。

2 特　性

1 理想最大出力電力 P_{om}

Tr_4，Tr_5 から，R_L に供給される理想最大出力電力を考えてみよう。まず，片側の Tr_4 の回路だけを考えてみれば，図5.17（a）となるが，これは前章までに学習したエミッタホロワである。このため，コレクタ電流 i_C と出力電圧 v_{CE} は，$R_L = 8\,\Omega$ によって決まる負荷線に沿って，それぞれ大きさが変化する。

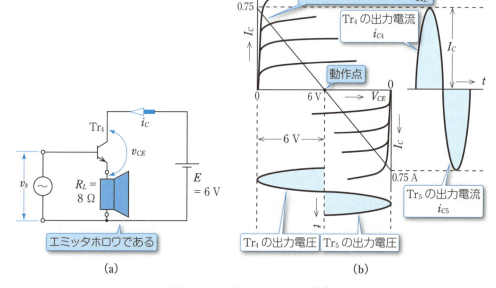

図5.17　エミッタホロワの動作

問 7　図5.12において，Tr_5 の回路だけを抜き出し，エミッタホロワになっていることを確かめなさい。

なお，トランジスタの特性についてすべての範囲が利用できると考えれば，P_{om} は，図5.18のようになり，波形の実効値が $\dfrac{1}{\sqrt{2}}$ であることから，つぎの式で表される。

$$（理想最大出力電力）\quad P_{om} = \dfrac{E}{R_L} \cdot \dfrac{1}{\sqrt{2}} \times E \dfrac{1}{\sqrt{2}} = \dfrac{E^2}{2R_L} \;\text{〔W〕}$$

(5.8)

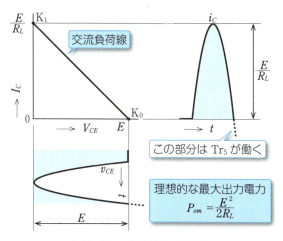

図 5.18　理想最大出力電力

問 8　B級プッシュプル電力増幅回路において，直流電源 $E=12\,\text{V}$，負荷のインピーダンス $R_L=8\,\Omega$ における理想最大出力電力 P_{om}〔W〕を求めなさい。

2　電源効率 η

入力信号が正弦波形である場合，R_L には E から Tr_4, Tr_5 を通じて正弦波形の電流が半周期ごとに流れる。すなわち，電源から流れ出る電流は，図 5.19（a）のようになる。なお，この電流の平均値は，図（b）のように $\dfrac{2}{\pi}\cdot\dfrac{E}{R_L}$ となる。

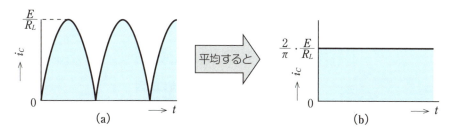

図 5.19　直流電流

これにより，理想最大出力電力時の直流出力電力 P_{DC} は

$$(\text{直流出力電力})\quad P_{DC}=E\cdot\frac{2}{\pi}\cdot\frac{E}{R_L}=\frac{2E^2}{\pi R_L}\ \text{〔W〕} \tag{5.9}$$

となる。したがって

$$\eta=\frac{P_{om}}{P_{DC}}=\frac{E^2}{2R_L}\cdot\frac{\pi R_L}{2E^2}=\frac{\pi}{4}=0.785$$

すなわち，理想最大出力電力時の電源効率は 78.5% となる。

3 クロスオーバひずみ

これまでは，プッシュプル回路の動作を考える際に，ダイオード D_1，D_2 の働きを無視していたが，実際に回路の D_1，D_2 の両端を短絡した出力波形を観測してみると，図 5.20 のように波形はひずんでしまう。

これは，図 5.21 のように，Tr_4，Tr_5 の入力特性（V_{BE}-I_B 特性）で，立ち上がり電圧より小さな入力電圧の場合にベース電流 i_B が流れないことが原因で，そのひずみが出力側のコレクタ電流 i_C の変化に影響する。

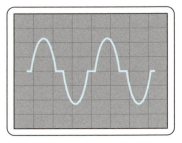

図 5.20　クロスオーバひずみ

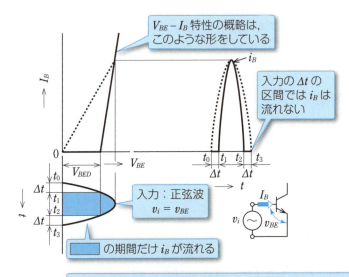

図 5.21　クロスオーバひずみの原因

なお，このひずみは交互に動作するトランジスタの切り替え時に発生することから，**クロスオーバひずみ**[†1] といい，これを防ぐには，図 5.22 のように，あらかじめ V_{BED} に等しいバイアス電圧 E_D を加えておけばよい。

ただし，バイアス電圧の値を固定してしまうと，温度上昇によって熱暴走を起こしやすい回路になってしまう。そこで，ここでは図 5.23 のように，ダイオードの順電圧 V_D をバイアス電圧として利用する。これにより，温度変化が生じても，トランジスタのバイアス電圧と同じように V_D が変化することで，安定したバイアス回路となる。

†1 crossover distortion

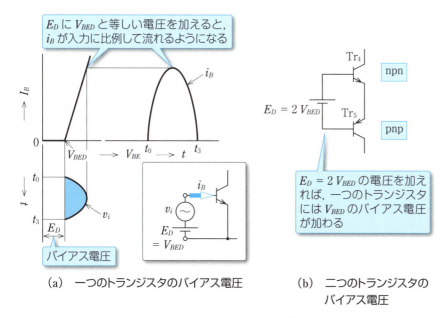

(a) 一つのトランジスタのバイアス電圧　　(b) 二つのトランジスタのバイアス電圧

図 5.22　クロスオーバひずみの対策

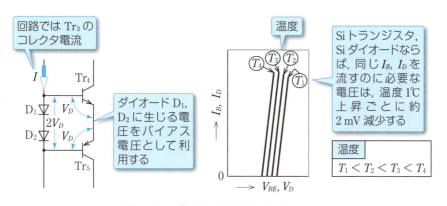

図 5.23　ダイオードを用いたバイアス

4　出力トランジスタの最大定格

P_{om} を出力する場合のトランジスタの最大定格を調べてみよう。

1　コレクタ電流 I_{Cm}

図 5.18 からわかるように，$\dfrac{E}{R_L}$ 以上は流れないことから

$$I_{Cm} > \dfrac{E}{R_L}$$

のトランジスタを選べばよい。

2　コレクタ-エミッタ間電圧 V_{CEm}

例えば，図 5.24 のように，出力波形の変化によって Tr_5 の v_{CE5} が 0 V まで下がったとき，Tr_4 の v_{CE4} には $2E$ が加わる。したがって，必要な

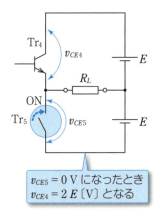

図 5.24　V_{CEm} の値

V_{CEm} はつぎのようになる。

$$V_{CEm} > 2E$$

なお，Tr_5 についても極性は反対であるが，同じ大きさの電圧 $2E$ が最大定格となる。

3　コレクタ損 P_{Cm}

電源から供給される直流電力 P_{DC} と，負荷で消費される出力電力 P_o との差が，トランジスタで消費される電力，すなわちコレクタ損 P_C となる。なお，B級プッシュプルでは，二つのトランジスタを用いて半周期ごとに増幅を受け持つため，一つあたりの P_C は $\frac{1}{2}$ となる。したがって

$$P_C = \frac{1}{2}(P_{DC} - P_o) = \frac{1}{2}\left(\frac{P_{DC}}{P_o} - 1\right)P_o$$

ここで，理想最大出力電力時には $\eta = \dfrac{P_{om}}{P_{DC}} = \dfrac{\pi}{4}$ であることから，理想最大出力電力時の P_C はつぎのようになる。

$$P_C = \frac{1}{2}\left(\frac{4}{\pi} - 1\right)P_{om} \fallingdotseq 0.137 P_{om} \quad [\text{W}] \tag{5.10}$$

なお，理論上 P_C が最大となる場合は，出力電圧が最大出力電圧の平均値である場合，すなわち $\dfrac{2}{\pi} = 0.637$ 倍 のときである。同じく，出力電流が I_C の平均値の場合も P_C が最大となることから，これらの値を用いて出力電力を求めれば，$0.637 \times 0.637 = 0.406$ 倍 のときに P_C が最大となる。

したがって，トランジスタ一つあたりの最大コレクタ損 P_{Cm} は

（最大コレクタ損）　　$P_{Cm} = \dfrac{1}{2} \times 0.406 P_{om} = 0.203 P_{om} \quad [\text{W}]$

$$\tag{5.11}$$

となる。すなわち，P_{Cm} は，P_{om} の 0.203 倍以上のものを選べばよい。

例題 2

図 5.12（a）の回路について，P_{om}，P_{DC}，V_{CEm}，I_{Cm}，P_{Cm} を求めなさい。

解 答

① 理想最大出力電力 P_{om}

$$P_{om} = \frac{E^2}{2R_L} = \frac{6^2}{2 \times 8} = \underline{2.25 \text{ W}}$$

② 直流出力電力 P_{DC}

$$P_{DC} = \frac{2E^2}{\pi R_L} = \frac{2 \times 6^2}{\pi \times 8} = \underline{2.86 \text{ W}}$$

③ V_{CE} の最大値 V_{CEm}

$$V_{CEm} = 2E = 2 \times 6 = \underline{12 \text{ V}}$$

④ I_C の最大値 I_{Cm}

$$I_{Cm} = \frac{E}{R_L} = \frac{6}{8} = 0.75 \text{ A} = \underline{750 \text{ mA}}$$

⑤ 最大コレクタ損 P_{Cm}

$$P_{Cm} = 0.203 P_{om} = 0.203 \times 2.25 = \underline{0.457 \text{ W}}$$

問 9 B 級プッシュプル電力増幅回路において，直流電源 $E = 9 \text{ V}$，負荷 $R_L = 4 \text{ Ω}$ のとき，以下の値を求めなさい。

（1） P_{om} 〔W〕　（2） P_{DC} 〔W〕　（3） V_{CEm} 〔V〕　（4） I_{Cm} 〔A〕
（5） P_{Cm} 〔W〕

5.3 高周波増幅回路

これまでの増幅回路は，おもに音声周波数帯域（20〜20 kHz 程度）の低周波信号を増幅するために用いられてきた。ここでは，無線通信などに利用されている高周波信号を増幅する回路について，その働きや特性などを学ぶ。

1 回路の働きと特性

1 回路の働き

ラジオやテレビジョンなど無線通信で用いられる数百 kHz 以上の高い周波数の信号を増幅する回路を**高周波増幅回路**[†1]という。高周波増幅回路の例を図 5.25 に示す。

†1 high-frequency amplifier

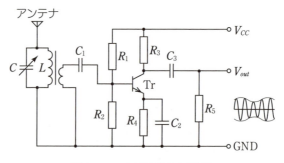

図 5.25　高周波増幅回路例

この回路は，ある特定の周波数範囲を選択して増幅する高周波増幅回路で，増幅回路に LC 並列共振回路を組み合わせた構成となっている。また，図 5.25 の中にある LC 並列共振回路は，選択される入力信号と同じ周波数に共振させることから，**同調回路**[†2]といい，その並列共振周波数を**同調周波数**という。

†2 tuning circuit

高周波増幅回路では，低周波増幅回路で問題とならなかったいくつかの点に注意しなければならない。具体的には，配線間の漂遊容量をできるだけ小さくすることや，接地（図 5.25 では GND ライン）を広く取ること，接地への配線を極力短くすることなどである。

また，トランジスタを用いる場合，**コレクタ出力容量**[†3] C_{ob} が小さいトランジスタが望ましい。これらは，発振の原因となる出力側から入力側へ

†3 collector output capacity
　ベース接地におけるコレクタ-ベース間の静電容量。

の正帰還を防ぐためである。

さらに，トランジスタは周波数が高くなると電流増幅率 h_{fe} が減少するため，トランジション周波数[†1]が高いトランジスタのほうがよい。

以上のことから，高周波増幅回路に使用するトランジスタには，トランジション周波数が高く，コレクタ出力容量の小さな種類を選ぶ必要がある。

†1 高域側で増幅度が1になってしまう周波数。p.88 を参照。

2 同調回路の特性

図 5.26 は，図 5.25 から同調回路の部分を抜き出した回路で，r はコイルの抵抗分である。この回路の同調周波数を求めてみよう。

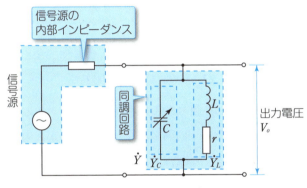

図 5.26 同調回路

回路のアドミタンス Y は

$$\dot{Y}_L = \frac{1}{r + j\omega L}, \qquad \dot{Y}_C = j\omega C$$

$$\therefore \quad \dot{Y} = \dot{Y}_L + \dot{Y}_C = \frac{r}{r^2 + (\omega L)^2} + j\left\{\frac{-\omega L}{r^2 + (\omega L)^2} + \omega C\right\}$$

並列共振の場合に，アドミタンスが最小（インピーダンスが最大）となるので，その条件は

$$\frac{-\omega L}{r^2 + (\omega L)^2} + \omega C = 0$$

したがって，同調周波数 f_0 は次式で求められる。

$$f_0 = \frac{1}{2\pi}\sqrt{\left(\frac{1}{LC} - \frac{r^2}{L^2}\right)} \quad \text{[Hz]}$$

また，コイルの抵抗分を無視し，$\omega L \gg r$ とすれば，同調周波数 f_0 は

$$\text{（同調周波数）} \qquad f_0 = \frac{1}{2\pi\sqrt{LC}} \quad \text{[Hz]} \tag{5.12}$$

となる。

図5.27(a)は，入力される高周波信号の周波数を変化させたとき，同調回路のインピーダンスがどのように変化するかを示している。この図からもわかるように，同調回路は並列共振回路なので，同調周波数付近でインピーダンスが急激に大きくなる。

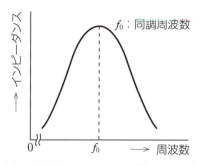
(a) 周波数によるインピーダンスの変化

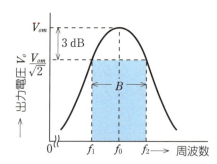
(b) 周波数による出力電圧の変化

図5.27　高周波増幅の周波数特性

また，図5.26の回路は，信号源の内部インピーダンスと同調回路が直列接続されている。このため，同調周波数付近の信号が入力され，同調回路のインピーダンスが大きくなれば，出力電圧 V_o も大きくなる。

このように，同調回路はさまざまな周波数を含む信号の中から，同調周波数付近の信号だけ選択し，出力する働きを持っている。

入力される高周波信号の周波数と出力電圧 V_o の関係を図5.27(b)に示す。V_o が最大出力電圧 V_{om} から3 dB低下する（$\frac{1}{\sqrt{2}}$ 倍）ときの周波数を f_1，f_2 とすれば，同調回路の周波数帯域幅 B は，つぎの式で求めることができる。

（周波数帯域幅）　　$B = f_2 - f_1$　〔Hz〕　　(5.13)

†1 quality factor

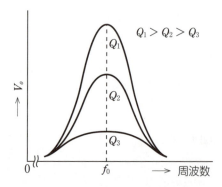

図5.28　Qによる周波数特性の変化

また，共振の鋭さを表す Q[†1] の値は，共振時の角周波数を ω_0 とすると次式で示される。

$$Q = \frac{\omega_0 L}{r} = \frac{1}{\omega_0 C r} = \frac{1}{r}\sqrt{\frac{L}{C}}$$

図5.28に，Qを変化させたときの周波数特性を示す。この図から，Qが大きいほど特性は鋭くなり，周波数帯域幅が狭くなることがわかる。なお，周波数が同調周波数に近いところ，または $Q \gg 1$ の条件では，周波数帯域幅 B

をつぎの式で求めることができる。

$$（周波数帯域幅）\quad B = \frac{f_0}{Q} \ [\text{Hz}] \tag{5.14}$$

例題 3

図 5.26 の同調回路において，同調周波数 f_0，周波数帯域幅 B を求めなさい。ただし，$C = 220\ \text{pF}$，$L = 0.47\ \text{mH}$，$r = 20\ \Omega$ とする。

解答

① 同調周波数 f_0

$$f_0 = \frac{1}{2\pi\sqrt{LC}} = \frac{1}{2\pi\sqrt{0.47 \times 10^{-3} \times 220 \times 10^{-12}}} = 495 \times 10^3\ \text{Hz} = \underline{495\ \text{kHz}}$$

② 周波数帯域幅 B

$$Q = \frac{\omega_0 L}{r} = \frac{2\pi \times 495 \times 10^3 \times 0.47 \times 10^{-3}}{20} = 73.1$$

したがって

$$B = \frac{f_0}{Q} = \frac{495 \times 10^3}{73.1} = 6.77 \times 10^3\ \text{Hz} = \underline{6.77\ \text{kHz}}$$

問 10 図 5.26 の同調回路において，以下に示す値を求めなさい。ただし，$C = 330\ \text{pF}$，$L = 0.47\ \text{mH}$，$r = 28\ \Omega$ とし，$\omega L \gg r$ であるとする。

（1） $f_0\ [\text{Hz}]$　　（2） $B\ [\text{Hz}]$

2 実際の高周波増幅回路

ラジオやテレビジョンの受信機では，アンテナで受けた多くの信号の中から，希望する放送局の周波数を選択する。ここでは，図 5.29 のブロック図をもとに，**ストレート方式**[†1] による高周波増幅の流れを示す。

†1 straight system

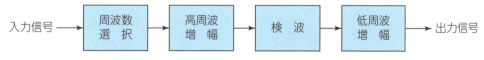

図 5.29 ストレート方式による高周波増幅

アンテナから得られる入力信号から，同調回路によって特定の周波数が選択され，その信号だけが高周波増幅される。そして，検波回路[†2] によって低周波信号が取り出され，低周波増幅を行った後に出力信号となる。

†2 detector
9 章で学ぶ。

図 5.30 は専用の IC を用いた高周波増幅回路で，IC により高周波増幅

および検波を行い，Tr_1，Tr_2 により低周波増幅が行われる．

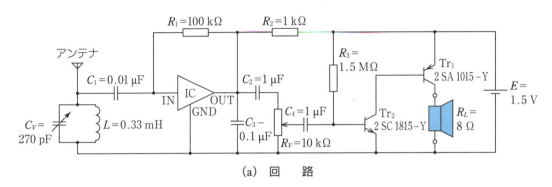

(a) 回　路

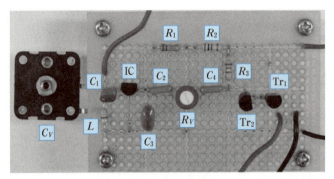

(b) 製作例

図5.30　高周波増幅回路

問 11　図5.30（a）の回路によって得られる高周波信号の周波数 f_0〔Hz〕を求めなさい．なお，C_V の値は最大とする．

学習のポイント

1 電力増幅回路（表5.1）

表5.1

	A級シングル電力増幅回路	B級プッシュプル電力増幅回路
特徴	① 変成器を用いて負荷に電力を供給する ② 入力信号がない場合でも負荷に電流が流れ，つねに電力を消費する	① 二つのトランジスタを半周期ずつ交互に動作させて増幅する ② 入力信号がない場合は負荷に電流が流れず，ほとんど電力を消費しない
回路の動作	① 動作点を負荷線のほぼ中央の位置にして動作させる ② 変成器の巻数比 $a = \dfrac{N_1}{N_2}$ ③ 一次側から見た抵抗 R_L' 　　$R_L' = a^2 R_L$ 〔Ω〕	① 動作点をコレクタ電流が0となる位置にして動作させる ② クロスオーバひずみに注意する
理想最大出力電力	$P_{om} = \dfrac{E^2}{2R_L'}$ 〔W〕	$P_{om} = \dfrac{E^2}{2R_L}$ 〔W〕
直流出力電力	$P_{DC} = \dfrac{E^2}{R_L'}$ 〔W〕	$P_{DC} = \dfrac{2E^2}{\pi R_L}$ 〔W〕
電源効率	$\eta = 50\%$	$\eta = 78.5\%$
V_{CE} の最大値	$V_{CEm} = 2E$ 〔V〕	$V_{CEm} = 2E$ 〔V〕
I_C の最大値	$I_{Cm} = \dfrac{2E}{R_L'}$ 〔A〕	$I_{Cm} = \dfrac{E}{R_L}$ 〔A〕
最大コレクタ損	$P_{Cm} = 2P_{om}$ 〔W〕	$P_{Cm} = 0.203 P_{om}$ 〔W〕
用途	比較的小さな電力増幅	大きな出力の電力増幅

2 高周波増幅回路

（1）同調回路の同調周波数　$f_0 = \dfrac{1}{2\pi\sqrt{LC}}$ 〔Hz〕

（2）周波数帯域幅　$B = f_2 - f_1 = \dfrac{f_0}{Q}$ 〔Hz〕

章末問題

1. 巻数比 $a=4$ の変成器において，一次側から見た負荷の大きさが $R'=120\,\Omega$ であった。二次側に実際つないでいる負荷 $R\,[\Omega]$ の大きさを求めなさい。

2. 図5.31のA級シングル電力増幅回路において，$E=9\,\text{V}$，$R_L=8\,\Omega$ とするとき，直流出力電力 $P_{DC}\,[\text{W}]$ および理想最大出力電力 $P_{om}\,[\text{W}]$ を求めなさい。なお，出力は無ひずみで最大とし，変成器の巻数比 $a=2$ で R_E の値は無視できるものとする。

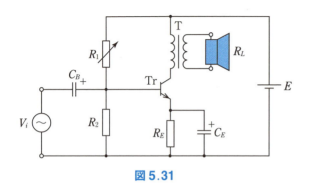

図5.31

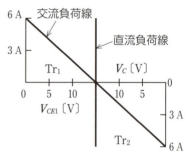

図5.32

3. 図5.31のA級シングル電力増幅回路において，$P_{om}=3\,\text{W}$ としたい。$E=12\,\text{V}$，$R_L=8\,\Omega$ とするとき，変成器の巻数比 a を求めなさい。なお，出力は無ひずみで最大とし，R_E の値は無視できるものとする。

4. A級シングル電力増幅回路において，$P_{om}=12\,\text{W}$ である場合の $P_{DC}\,[\text{W}]$ およびトランジスタの最大コレクタ損 $P_{Cm}\,[\text{W}]$ を求めなさい。なお，出力は無ひずみで最大とする。

5. 図5.32のようなB級プッシュプル電力増幅回路の負荷線がある。この回路の $P_{om}\,[\text{W}]$ および $P_{DC}\,[\text{W}]$ を求めなさい。なお，出力は無ひずみで最大とする。

6. B級プッシュプル電力増幅回路において，負荷に $R_L=8\,\Omega$ のスピーカを使用し，$P_{om}=20\,\text{W}$ を得るには，$E\,[\text{V}]$ の値をいくらにすればよいか。整数値で答えなさい。

7. B級プッシュプル電力増幅回路において，$P_{om}=12\,\text{W}$ である場合の $P_{DC}\,[\text{W}]$ および $P_{Cm}\,[\text{W}]$ を求めなさい。なお，出力は無ひずみで最大とする。

8. 同調周波数 $f_0=455\,\text{kHz}$ の同調回路において，回路の Q が 65.4 であった。この回路の周波数帯域幅 $B\,[\text{kHz}]$ を求めなさい。

9. 図5.33の同調回路について，同調周波数 $f_0\,[\text{kHz}]$，周波数帯域幅 $B\,[\text{kHz}]$ を求めなさい。

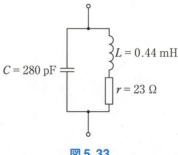

図5.33

6章 電力増幅回路の設計

増幅回路の設計とは,回路仕様を決め,部品を選択し,回路定数を決定することである。本章では,マイクロホンなどから得られる音声信号を増幅し,スピーカを鳴らす低周波電力増幅回路を例にして,設計手順について学ぶ。

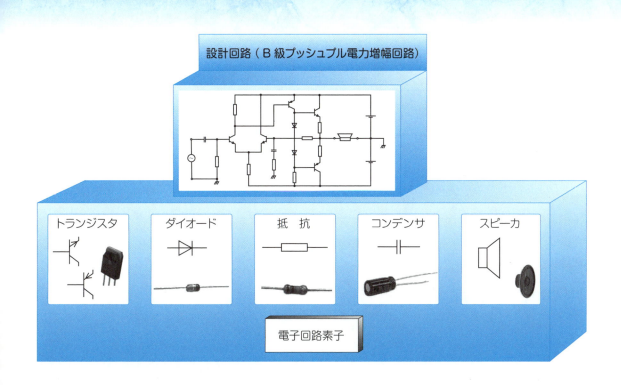

学習の流れ

6.1 設計回路と設計仕様
最大出力電力 P_{om}, 最大入力電圧 V_{im}, 負荷抵抗 R_L, 入力インピーダンス Z_i, 低域遮断周波数 f_L

6.2 設計手順
（1） **設計で求める定数・部品**（部品名は図6.1を参照）

電源電圧値 E, トランジスタ（$Tr_1 \sim Tr_5$）, ダイオード（D_1, D_2）, 抵抗値（$R_1 \sim R_5$, $R_{E1} \sim R_{E3}$）, コンデンサの静電容量（C_1, C_2）

（2） **設計の流れ**（図中の記号は図6.1を参照）

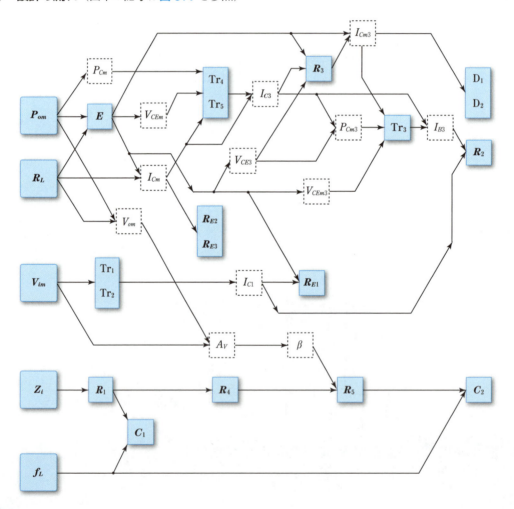

6.3 特性測定
入出力特性, 周波数特性

6.1 設計回路と設計仕様

　CDプレーヤなどの音源をスピーカから大音量で出力するには，小さな信号を大きな電力に増幅する必要がある。ここでは，電池などの電源でも製作可能な電力増幅回路を設計する。

1 設計回路

本章で設計する回路は**図6.1**のB級プッシュプル電力増幅回路とする。

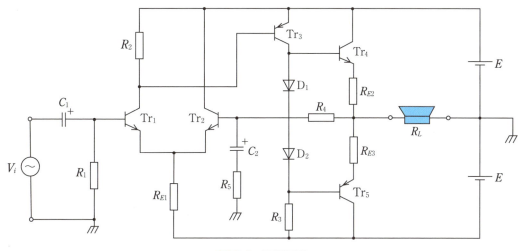

図6.1　設計回路

2 設計仕様

① 最大出力電力　　　　$P_{om} = 5$ W
② 最大入力電圧　　　　$V_{im} = 200$ mV（波形の最大値）
③ 負荷抵抗　　　　　　$R_L = 8$ Ω
④ 入力インピーダンス　$Z_i = 47$ kΩ
⑤ 低域遮断周波数　　　$f_L = 20$ Hz 以下

3 設計により求める値

電源電圧（E）

トランジスタ（Tr_1, Tr_2, Tr_3, Tr_4, Tr_5）の最大定格

抵　抗（R_1, R_2, R_3, R_4, R_5, R_{E1}, R_{E2}, R_{E3}）

コンデンサ（C_1, C_2）　　ダイオード（D_1, D_2）の最大定格

6.2 設計手順

本節では，6.1節の設計仕様を条件とした設計手順を示す．

1 電源電圧 E

P_{om} と R_L から E を求めることができる．理想的な状態の場合

$$P_{om} = \frac{E^2}{2R_L} = 5 \text{ W}$$

から

$$E = \sqrt{2P_{om}R_L} = \sqrt{2 \times 5 \times 8} = 8.94 \text{ V}$$

となる．実際には損失などがあるため，必要な電源電圧は，これより十分に大きくしなければならないが，ここでは電池から得やすい電圧として

$$E = 9 \text{ V}$$

とする．なお，このときの理想最大出力電力はつぎのようになる．

$$P_{om} = \frac{E^2}{2R_L} = \frac{9^2}{2 \times 8} = 5.06 \text{ W}$$

2 出力トランジスタ Tr_4，Tr_5 の最大定格

理想的な状態の場合，Tr_4，Tr_5 の I_{Cm} と V_{CEm} は

$$I_{Cm} = \frac{E}{R_L}, \quad V_{CEm} = 2E$$

したがって，つぎのようになる．

$$I_{Cm} = \frac{9}{8} = 1.13 \text{ A}, \quad V_{CEm} = 2 \times 9 = 18 \text{ V}$$

また，P_{Cm} は B 級プッシュプル電力増幅回路の場合

$$P_{Cm} \fallingdotseq 0.203 P_{om}$$

したがって，つぎのようになる．

$$P_{Cm} = 0.203 \times 5 = 1.02 \text{ W}$$

以上のことから，Tr_4，Tr_5 の最大定格は，$I_{Cm} > 1.13 \text{ A}$，$V_{CEm} > 18 \text{ V}$，$P_{Cm} > 1.02 \text{ W}$ であればよい．そこで，表 6.1 のトランジスタを用いる．

表 6.1 Tr_4，Tr_5 の最大定格

	Tr_4	Tr_5
型　番	2 SC 3621-O	2 SA 1408-O
コレクタ-エミッタ間電圧 V_{CEO}	150 V	-150 V
コレクタ電流 I_{Cm}	1.5 A	-1.5 A
コレクタ損 P_{Cm}	1.5 W	1.5 W
直流電流増幅率 h_{FE}（最小値）	100	100

3 エミッタ抵抗 R_{E2}, R_{E3}

I_{Cm} が流れた場合に $0.5 \sim 1\,\mathrm{V}$ のエミッタ電圧 V_{RE} が生じるような抵抗を選ぶ。その電圧を $0.6\,\mathrm{V}$ とすれば

$$R_{E2} = R_{E3} = \frac{V_{RE}}{I_{Cm}}$$

したがって，つぎのようになる。

$$R_{E2} = R_{E3} = \frac{0.6}{1.13} = 0.531\,\Omega$$

ここでは，E 24 系列の中から最も近い値を用いて，$R_{E2} = R_{E3} = \mathbf{0.51\,\Omega}$ とする。

なお，R_{E2}, R_{E3} の消費電力の最大値は

$$P_{Em} = R_{E2} I_{Cm}^2 = 0.51 \times 1.13^2 = 0.651\,\mathrm{W}$$

これにより，R_{E2}, R_{E3} には定格 $1\,\mathrm{W}$ の抵抗を使用する。

4 Tr_3 の I_{C3}, V_{CE3}

I_{C3} は，その一部が Tr_4, Tr_5 のベース電流となることから，Tr_4, Tr_5 の最大出力時に要する I_{Bm} よりも十分な大きさが必要となる。ここで，I_{Bm} の $2 \sim 4$ 倍程度の I_{C3} を流すとすれば

$$I_{C3} = 2.5 I_{Bm}$$

また，$h_{FE} = \dfrac{I_{Cm}}{I_{Bm}}$ から（h_{FE}, I_{Cm}, I_{Bm} は Tr_4, Tr_5 の値）

$$I_{Bm} = \frac{1.13}{100} = 11.3 \times 10^{-3}\,\mathrm{A} = 11.3\,\mathrm{mA}$$

$$I_{C3} = 2.5 \times 11.3 = \mathbf{28.3\,mA}$$

さらに，V_{CE3} は，Tr_4 と Tr_5 の中点の電圧に等しくする[†1] 必要から，ダイオードに生じる電圧を V_D とすると

$$E = V_{CE3} + V_D$$

したがって，$V_D \fallingdotseq 0.6\,\mathrm{V}$ とすれば，V_{CE3} はつぎのようになる。

$$V_{CE3} = E - V_D = 9 - 0.6 = \mathbf{8.4\,V}$$

5 抵抗 R_3

R_3 を求める場合には以下の関係を用いる。

$$V_{CE3} + 2V_D + R_3 I_{C3} = 2E$$

したがって，

$$R_3 = \frac{2E - (V_{CE3} + 2V_D)}{I_{C3}} = \frac{2 \times 9 - (8.4 + 2 \times 0.6)}{28.3 \times 10^{-3}} = 297\,\Omega$$

ここでは，E 24 系列の中から最も近い値を用いて，$R_3 = \mathbf{300\,\Omega}$ とする。

[†1] 下図の点 a と点 b の電圧を等しくする。p.148 を参照。

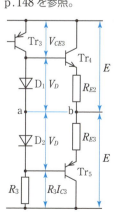

6 Tr_3 の最大定格

Tr_3 の定格はつぎのように求められる。

$$I_{Cm3} > \frac{2E}{R_3} = \frac{2 \times 9}{300} = 0.06 \text{ A} = \textbf{60 mA}$$

$$V_{CEm3} > 2E = 2 \times 9 = \textbf{18 V}$$

$$P_{Cm3} > V_{CE3} I_{C3} = 8.4 \times 28.3 = \textbf{238 mW}$$

ここでは，表6.2のトランジスタを用いる。

表6.2 Tr_3 の最大定格

型　　番	2SA950-Y
コレクタ-エミッタ間電圧 V_{CEO}	-30 V
コレクタ電流 I_{Cm}	-800 mA
コレクタ損 P_{Cm}	600 mW
直流電流増幅率 h_{FE}（最小値）	160

7 差動増幅用 Tr_1，Tr_2

初段の増幅回路は差動増幅である。ここでは，入力電圧の大きさや雑音の少なさを考え，2SC1815-Y[†1]を用いる。

[†1] p.22，1章の表1.1を参照。

8 Tr_1，Tr_2 の I_{C1}，I_{C2}

$I_{C1} = I_{C2}$ で，I_{C1} は $0.1 \sim 1$ mA の間で選ぶ。ここでは，$I_{C1} = I_{C2} = \textbf{0.4 mA}$ とする。

なお，I_{C1} は一部が Tr_3 の I_{B3} となる。したがって，$h_{FE} = \dfrac{I_{C3}}{I_{B3}}$ から（h_{FE}，I_{C3} は Tr_3 の値）

$$I_{B3} = \frac{28.3 \times 10^{-3}}{160} = 0.177 \times 10^{-3} \text{ A} = 0.177 \text{ mA}$$

9 抵抗 R_1，R_2，R_{E1}

R_1 は増幅回路の入力インピーダンス Z_i となる。したがって，$R_1 = Z_i = \textbf{47 k}\boldsymbol{\Omega}$ とする。

R_2 はつぎのように求めることができる。

$$R_2 = \frac{V_{BE3}}{I_{C1} - I_{B3}}$$

$V_{BE3} \fallingdotseq 0.7$ V（他の Tr の V_{BE} と比べて大きめの値とする）

とすれば

$$R_2 = \frac{0.7}{(0.4 - 0.177) \times 10^{-3}} = 3.14 \times 10^3 \text{ } \Omega = \textbf{3.14 k}\boldsymbol{\Omega}$$

ここでは，I_{C1} の値が設計を超えないように，**$R_2 = 3.3\,\text{k}\Omega$** とする。

また，R_{E1} を求める場合には以下の関係を用いる。

$$R_{E1} = \frac{E - V_{BE1}}{2I_{E1}}, \quad V_{BE1} \fallingdotseq 0.6\,\text{V}, \quad I_{E1} \fallingdotseq I_{C1}$$

とすれば

$$R_{E1} = \frac{9 - 0.6}{2 \times 0.4 \times 10^{-3}} = 10.5 \times 10^3\,\Omega = 10.5\,\text{k}\Omega$$

ここでは，I_{E1} の値が設計を超えないように，**$R_{E1} = 11\,\text{k}\Omega$** とする。

10 回路全体で必要な電圧増幅度 A_V と帰還率 β

最大出力電圧 $V_{om} = \sqrt{P_{om}R_L} = \sqrt{5 \times 8} = 6.32\,\text{V}$（波形の最大値），$V_{im} = 200\,\text{mV} = 0.2\,\text{V}$ から

$$A_V = \frac{V_{om}}{V_{im}} = \frac{6.32}{0.2} = \mathbf{31.6}$$

そして，$\beta \fallingdotseq \dfrac{1}{A_V}$ の関係から

$$\beta = \frac{1}{31.6} = \mathbf{0.0316}$$

11 抵抗 R_4，R_5

R_4 には，直流の動作に対して R_1 と同じ働きがあるため，$R_4 = R_1$ とする。したがって，**$R_4 = 47\,\text{k}\Omega$** となる。

また，図 **6.2** のように，出力部は R_4 と R_5 による負帰還回路となっていることから，β は以下の関係で求められる。

$$\beta = \frac{R_5}{R_4 + R_5}$$

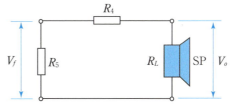

図 6.2 出力部の帰還回路

V_f：帰還電圧
V_o：出力電圧

したがって

$$R_5 = \frac{\beta}{1 - \beta} R_4 = \frac{0.0316}{1 - 0.0316} \times 47 = 1.53\,\text{k}\Omega$$

ここでは，A_V の値が設計を超えないように，**$R_5 = 1.6\,\text{k}\Omega$** とする。

12 コンデンサ C_1，C_2

C_1 の低域周波数におけるリアクタンスは，R_1 よりも十分小さくなるように設計する。

$$\frac{1}{2\pi f_L C_1} \ll R_1$$

から

$$C_1 \gg \frac{1}{2\pi f_L R_1} = \frac{1}{2\pi \times 20 \times 47 \times 10^3} = 0.169 \times 10^{-6}$$

ここでは，計算値の 10 倍以上をとって，$C_1 = 2.2\ \mu\mathrm{F}$ とする。

C_2 の低域周波数におけるリアクタンスは，R_5 よりも十分小さくなるように設計する。

$$\frac{1}{2\pi f_L C_2} \ll R_5$$

から

$$C_2 \gg \frac{1}{2\pi f_L R_5} = \frac{1}{2\pi \times 20 \times 1.6 \times 10^3} = 4.97 \times 10^{-6}\ \mathrm{F}$$

ここでは，計算値の 10 倍あたりをとって，$C_2 = 47\ \mu\mathrm{F}$ とする。

13 ダイオード D_1，D_2 の最大定格

シリコンダイオードで I_{Cm3} に耐えられるものを選ぶ。

$I_{Cm3} = 60\ \mathrm{mA}$

であるから，ここでは，表 6.3 のダイオードとする。

表 6.3　D_1，D_2 の最大定格

型　番	1 S 1588
逆電圧 V_R	30 V
せん頭順電流[†1] I_{FM}	360 mA
許容損失 P	300 mW

[†1] 通電可能な順方向電流の最大値。

14 設計により求めた値

表 6.4 は，設計により求めた値から選んだ部品や素子の一覧である。

表 6.4　部品・素子一覧

E	9 V	R_1	47 kΩ	R_{E2}	0.51 Ω
Tr_1	2 SC 1815-Y	R_2	3.3 kΩ	R_{E3}	0.51 Ω
Tr_2	2 SC 1815-Y	R_3	300 Ω	C_1	2.2 μF
Tr_3	2 SA 950-Y	R_4	47 kΩ	C_2	47 μF
Tr_4	2 SC 3621-O	R_5	1.6 kΩ	D_1	1 S 1588
Tr_5	2 SA 1408-O	R_{E1}	11 kΩ	D_2	1 S 1588

15 回路と製作例

図 6.3（a）は，以上の設計によって完成した回路である。また，図（b）は設計した回路の製作例，図（c）は図（b）の製作例の回路の入出力波形を測定した例である。

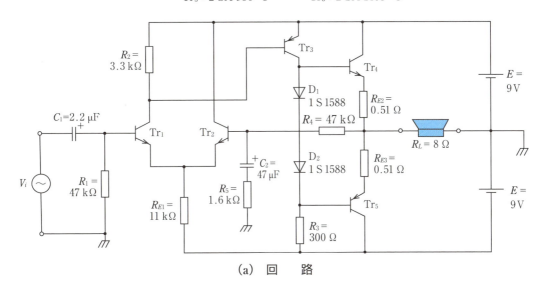

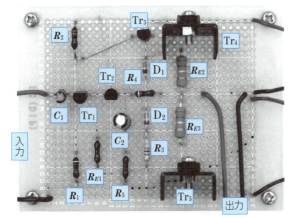

(b) 製作例

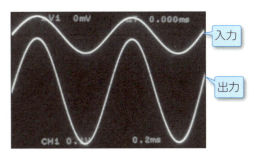

(c) 入出力波形

図6.3 設計した回路

6.3 特性測定

製作した回路の特性を測定して，設計仕様を満たす特性が得られているかどうかを確認する。

1 入出力特性

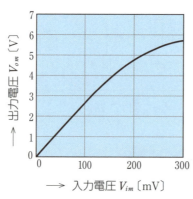

図6.4 入出力特性

周波数 $f=1\,\mathrm{kHz}$ を一定とし，入力電圧 V_{im}（波形の最大値）を増加させる。このとき，出力電圧 V_{om}（波形の最大値）の変化を示したものが入出力特性で，図6.4のようになる。

2 周波数特性

$V_{im}=200\,\mathrm{mV}$（波形の最大値）を一定とし，f を増加させる。このときの電圧利得 G_V の変化を表した周波数特性が，図6.5である。

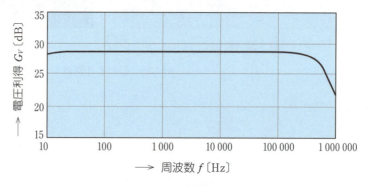

図6.5 周波数特性

章末問題

$E=12\,\mathrm{V}$ とした場合のB級プッシュプル電力増幅回路を設計しなさい。なお，設計する回路は図6.1と同じ回路で，仕様も P_{om} 以外は同じとする。

発振回路

　発振回路とは，正弦波交流などの周期的に変化する交流信号を作る回路である。発振は増幅回路に正帰還を使って行われる。本章では，正帰還による発振の原理，各種発振回路の回路構成や動作について学ぶ。

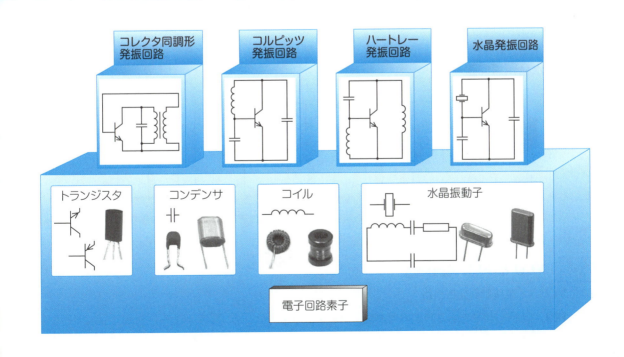

学習の流れ

7.1 発振

（1）**発振とは** ⇨ 周期的に変化する交流信号を回路自身が継続して発生している状態。

（2）**身近な発振現象の例** ⇨ ハウリング

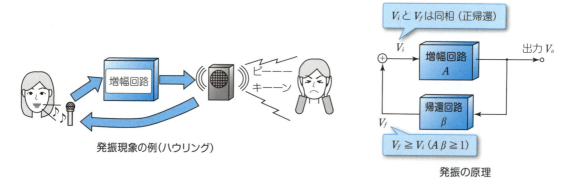

（3）**発振の原理** ⇨ 出力信号の一部をある条件で入力に戻すことにより発振している。

（4）**発振の条件**

① 位相条件 ⇨ 正帰還回路（帰還電圧 V_f と入力電圧 V_i の位相が同じ）であること。

② 利得条件 ⇨ $A\beta > 1$　（A：増幅度，β：帰還率）

7.2 LC発振回路

（1）コレクタ同調形発振回路
（2）ベース同調形発振回路
（3）エミッタ同調形発振回路
（4）コルピッツ発振回路
（5）ハートレー発振回路

7.3 水晶発振回路

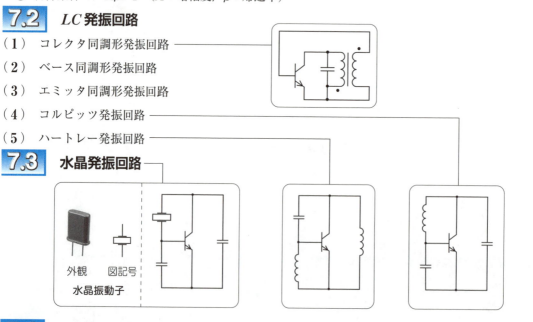

7.4 RC発振回路

7.5 VCOとPLL発振回路

（1）VCO ⇨ 電圧制御発振回路

（2）PLL ⇨ 出力信号をある特定の周波数に固定する回路。

7.1 発振

発振させる回路は数多くある。いずれの回路でも原理は，増幅回路の出力信号の一部をある条件の下で入力に戻すことである。ここでは，増幅回路が発振するための条件について学ぶ。

1 発振の原理

1 回路の構成と発振条件

図 7.1 のように，増幅回路の出力信号を，帰還回路を通して入力に戻すと，つぎの二つの条件を満たしたときに発振する。

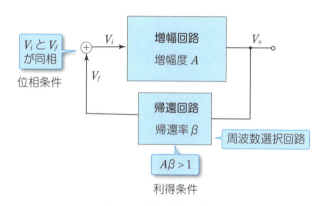

図 7.1 発振回路の条件

① 【利得条件】 増幅回路の増幅度を A，帰還回路の帰還率を β とするとき，図 7.2（c）のように $A\beta>1$ であること。図 7.2（a）のように $A\beta<1$ のとき発振は減衰し，図 7.2（b）の $A\beta=1$ で出力が安定する。

② 【位相条件】 増幅回路の入力 V_i と帰還回路（周波数選択回路[†1]）の出力 V_f が同相であること。すなわち正帰還であること。

[†1] 発振する周波数を決定する回路。正帰還で定数を $A\beta>1$ とする。

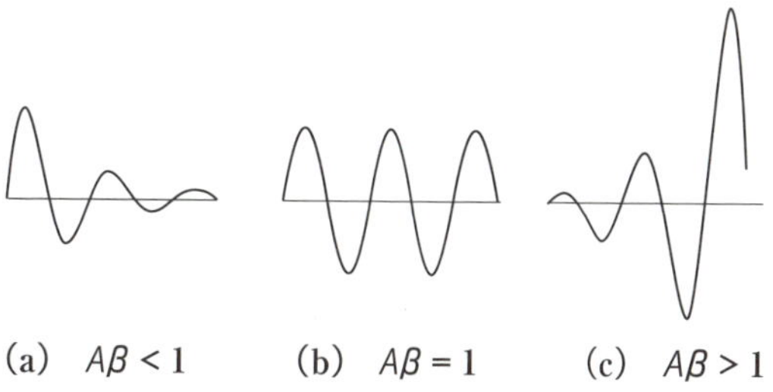

(a) $A\beta<1$ (b) $A\beta=1$ (c) $A\beta>1$

図 7.2 利得条件

2 発振の成長

発振条件が成り立つと，図7.3のような過程を経て，一定の周波数と大きさの正弦波交流が発振する。

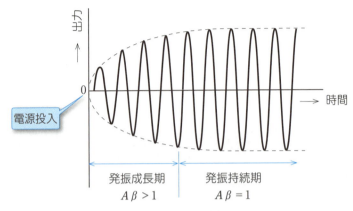

図7.3 発振の成長

すなわち

① 初めは，電源を入れたときの過渡電流や雑音によって，増幅回路の入力にいろいろな周波数成分の信号が加わる。

② 加わった信号成分の中で，位相条件に合った周波数成分の信号が，$A\beta>1$ の利得条件によって増幅され，しだいに入力，出力ともに大きくなる。

③ 入力が大きくなると，増幅回路で学んだように，出力は飽和し，増幅度 A は小さくなる。このため，$A\beta=1$ の状態で，出力が安定する。

これを**発振の成長**という。

2 発振回路の分類

発振回路は，位相条件をどのような回路によって作るかにより，大きくつぎの二つに分類される。

① コイル L とコンデンサ C によって作る。　➡　**LC発振回路**

② 抵抗 R とコンデンサ C によって作る。　➡　**RC発振回路**

また，L や C の代わりに水晶振動子[†1]を使ったものは，発振周波数が安定するため，基準周波数の発振回路によく用いられる。

L や C で作成した発振回路は，発振周波数が固定されており，周波数を変更する場合は，L，C や R，C を交換しなければいけない。これに対し，容易に周波数を変更できる発振回路として**電圧制御発振器**（**VCO**[†2]）

[†1] 7.3節, p.184で学ぶ。

[†2] voltage-controlled oscillator

があり，VCO の応用として**位相同期ループ（PLL[†1]）発振回路**がある。

[†1] phase-locked loop

図 **7.4** はこの分類をまとめたものである。

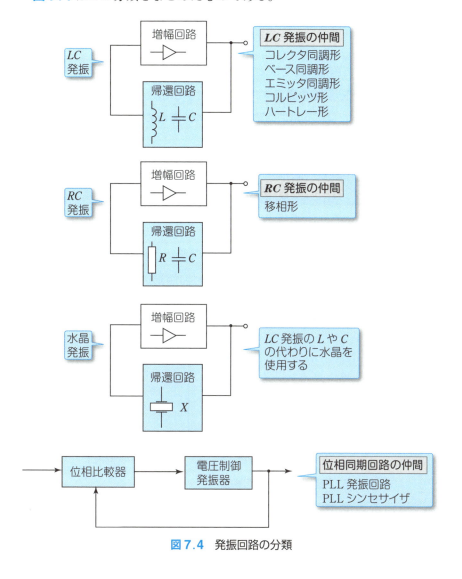

図 7.4　発振回路の分類

7.2　LC 発振回路

LC 発振回路は，帰還回路を L と C で作る回路である。ここでは，LC 発振回路の発振条件について学ぶとともに，いろいろな LC 発振回路の回路構成や動作，特性について学ぶ。

1　同調形発振回路

1　回路の種類

LC 発振回路の中でも歴史のある同調形発振回路には，同調回路の置き方により 3 種類の回路がある。それぞれの同調形の交流回路を描くと図 7.5 のようになる。

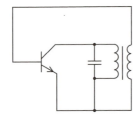 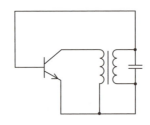 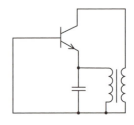

　(a)　コレクタ同調形　　　　(b)　ベース同調形　　　　(c)　エミッタ同調形

図 7.5　同調形発振回路の種類

†1　コイル L_1 や L_2 の端についている「•」は，コイルの誘導起電力の極性を表している。

2　コレクタ同調形発振回路

図 7.6 は，増幅回路をトランジスタによって構成し，帰還回路として，

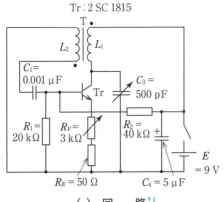 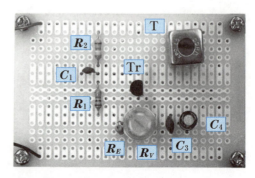

　　　(a)　回　　路†1　　　　　　　　　　(b)　製 作 例

図 7.6　コレクタ同調形発振回路

コレクタ側に共振回路を入れた変成器で構成した発振回路であり，**コレクタ同調形発振回路**という。

3 コレクタ同調形発振回路の動作

(a) 直流動作

図7.6 (a) の直流回路を描くと図7.7となる。この回路は電流帰還バイアス回路であり，増幅が可能なようにバイアスを決めておく。

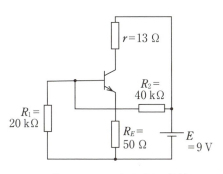

図7.7 直流回路　　図7.8 交流回路

(b) 交流動作

図7.6 (a) の交流回路を描くと図7.8となる。図からわかるように，変成器の L_1 に生じた出力電圧の一部が，変成器の作用によって L_2 に出力され，これが帰還電圧になる。

(c) 発振条件

位相条件は，L_1 と C_3 の共振周波数の信号に対してだけ成り立つ。なぜなら，図7.9のように，共振周波数 f_r のときに，$\dot{V}_{L1}$ と $\dot{V}_{L2}$ が同相になるからである。したがって，発振周波数 f は L_1 と C_3 の共振周波数に等しく，次式となる。

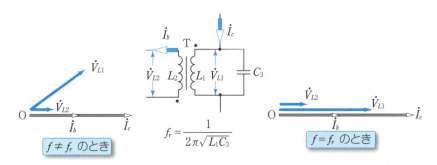

$$f_r = \frac{1}{2\pi\sqrt{L_1 C_3}}$$

図7.9　$\dot{V}_{L1}$ と $\dot{V}_{L2}$ の位相関係

$$(発振周波数) \quad f = \frac{1}{2\pi\sqrt{L_1 C_3}} \; [\text{Hz}] \tag{7.1}$$

帰還率 β はおもに変成器の巻数で決まるので，増幅回路の増幅度 A を巻数比よりも十分大きくして，利得条件を成り立たせる。

問 1 図 7.6 の回路で $R_V = 0$ のとき，発振波形が完全な正弦波にならない理由を説明しなさい。

問 2 図 7.6 の回路で，R_V を増やすと発振が止まるが，その止まる直前では，不安定な発振であるが波形は完全な正弦波に近くなる。この理由を説明しなさい。

4 ベース同調形発振回路，エミッタ同調形発振回路

図 7.10 のように，増幅回路のベース側やエミッタ側に共振回路を作ることによっても，発振回路を作ることができる。これらの回路の発振周波数は，共振回路の共振周波数であり，必要な増幅度は変成器の構造やトランジスタの定数によって決まる。

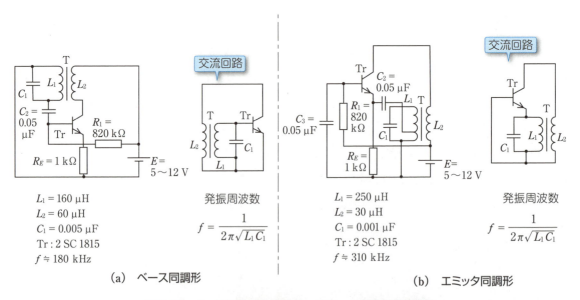

図 7.10 ベース同調形発振回路，エミッタ同調形発振回路

2 コルピッツ発振回路

図 7.11（a）は**コルピッツ発振回路**[†1]の例である。交流回路を描いて交流動作を調べてみよう。

†1 Colpitts oscillator

7.2 LC発振回路

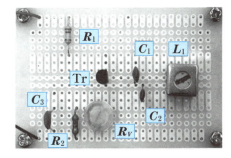

(b) 製 作 例

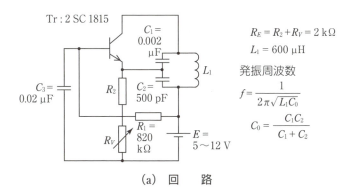

$R_E = R_2 + R_V = 2\ \text{k}\Omega$

$L_1 = 600\ \mu\text{H}$

発振周波数

$f = \dfrac{1}{2\pi\sqrt{L_1 C_0}}$

$C_0 = \dfrac{C_1 C_2}{C_1 + C_2}$

(a) 回　　路

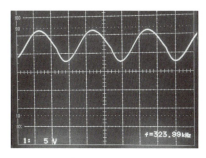

(c) 出力波形

図 7.11　コルピッツ発振回路

1 交流動作

図 7.11（a）の交流回路を描くと図 7.12 となる。この回路からわかるように，コルピッツ発振回路は，共振回路の電圧をコンデンサ C_1，C_2 で分割し，帰還電圧にした回路である。

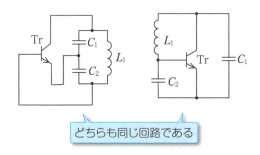

どちらも同じ回路である

図 7.12　交流回路

2 発振条件

交流回路を，トランジスタ Tr による増幅回路と，L_1，C_1，C_2 による帰還回路に分けると，図 7.13（a）のようになる。さらに，帰還回路を描き出すと図（b）のようになる。

(a)　**位相条件**

図 7.13（b）において，L_1 と C_1，C_2 が共振しているとき

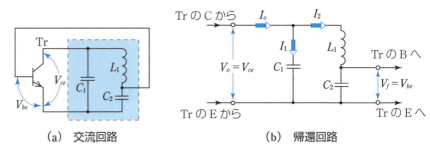

(a) 交流回路　　　　　(b) 帰還回路

図7.13　交流回路と帰還回路

- V_o と I_o は同相。
- I_2 は I_o より位相が 90°遅れる。
- V_f は I_2 より位相が 90°遅れる。

したがって，V_o と V_f は共振周波数の交流に対しては 180°の位相差となる。増幅回路の入力電圧 V_{be} と出力電圧 V_o には 180°の位相差があるので，V_{be} と V_f は同相となって位相条件が成り立つ。

発振周波数 f は共振回路の共振周波数となるので

$$（発振周波数）\quad f=\frac{1}{2\pi\sqrt{L_1 C_0}}\ 〔\text{Hz}〕,\quad C_0=\frac{C_1 C_2}{C_1+C_2}\ 〔\text{F}〕 \quad (7.2)$$

で求められる。ここで，C_1 と C_2 が直列となるので，直列合成静電容量は C_0 となる。

(b) 利得条件

図7.13 (b) において，I_o は共振回路の循環電流 I_1，I_2 と比べてずっと小さく，共振回路の中には I_1，I_2 だけが流れていると考える。このとき，共振状態の共振電圧が C_1 と C_2 で分割されて帰還電圧となるので，帰還率 β は $\frac{C_1}{C_2}$ となる。よって，$A\beta>1$ から，利得条件として Tr による必要な電圧増幅度 A は $\frac{C_2}{C_1}$ 以上となる。ここで，共振回路全体が Tr の負荷となり，電圧増幅されている。

3　ハートレー発振回路

図7.14 のように，共振回路の電圧をコイル二つで分割し，帰還電圧にする発振回路が**ハートレー発振回路**[†1]である。動作は，コルピッツ発振回路と同じように考えることができるので，発振周波数 f は次式で求められる。

†1 Hartley oscillator

7.2 LC発振回路

(発振周波数) $f = \dfrac{1}{2\pi\sqrt{L_0 C_1}}$ [Hz], $L_0 = L_1 + L_2 + 2M$ [H]　(7.3)

(M は L_1-L_2 間の相互インダクタンス)

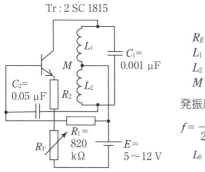

Tr : 2SC1815

$R_E = R_V + R_2 = 2\ \text{k}\Omega$
$L_1 = 260\ \mu\text{H}$
$L_2 = 70\ \mu\text{H}$
$M = 135\ \mu\text{H}$

発振周波数
$f = \dfrac{1}{2\pi\sqrt{L_0 C_1}}$
$L_0 = L_1 + L_2 + 2M$

(a) 回路

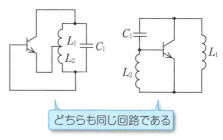

どちらも同じ回路である

(b) 交流回路

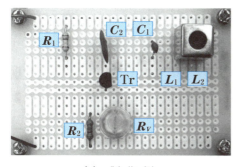

(c) 製作例

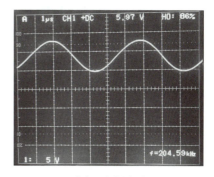

(d) 出力波形

図7.14 ハートレー発振回路

7.3 水晶発振回路

　LC 発振回路の発振周波数の安定度は，L，C の特性で決まるため，高い安定度を求めるには限界がある。特に，時計などの基準時間を作る発振回路や，放送局をはじめとする無線局で用いられる発振回路での周波数は，安定していなければならない。ここでは，水晶振動子を用いて，発振周波数をきわめて高く安定させる水晶発振回路について学ぶ。

1 水晶振動子

　水晶は石英結晶の一種である。この水晶から薄い水晶片を作り，その両面に金属電極をつけたものを**水晶振動子**という。図 7.15（a）は外部カバー，図（b）は外部カバーをはずした内部の様子であり，図（c）は図記号である。

　　　(a)　外部カバー　　　(b)　内　部　　　(c)　図記号

図 7.15　水晶振動子

　この振動子は，電極に電圧を加えると，機械的なひずみを生じ，電圧を取り去ると，弾性振動が続くとともに，その振動に合わせて電極に電荷が現れる性質があり，電気的に図 7.16 の共振回路と同じ特性になる。
　この回路のリアクタンス特性を調べると図 7.17 のようになり，電極を含めた並列共振周波数

$$f_p = \frac{1}{2\pi\sqrt{L_0 \dfrac{C_0 C_p}{C_0 + C_p}}} = f_0 \sqrt{1 + \frac{C_0}{C_p}} \tag{7.4}$$

が，水晶振動子では $C_p \gg C_0$ であるため，水晶振動子だけの直列共振周

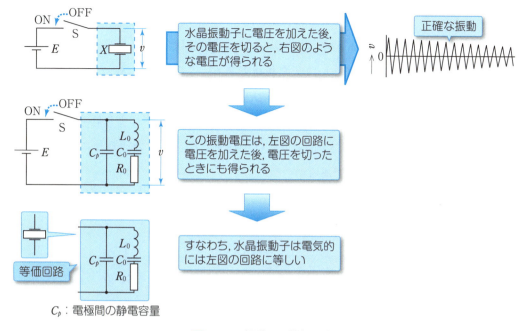

図7.16 振動子の等価回路

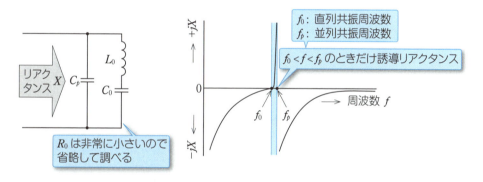

図7.17 水晶振動子のリアクタンス

波数

$$f_0 = \frac{1}{2\pi\sqrt{L_0 C_0}} \tag{7.5}$$

と非常に接近しており，この間だけ誘導性になる。

したがって，水晶振動子を LC 発振回路の L の代わりに利用すれば，周波数のきわめて安定した発振回路を作ることができる。

2 LC 発振回路への利用

水晶振動子は，コルピッツ発振回路，ハートレー発振回路のコイル L の代わりに用いられることが多い。

1 コルピッツ発振回路への利用

図7.18（a）は，コルピッツ発振回路に水晶振動子を利用した回路であり，図（b）は交流回路である。この回路では，L_1，C_2 による並列共振回路のリアクタンスは容量性でなければならないので，L_1，C_2 による共振周波数は，水晶振動子の固有周波数 f_0 より少し低く選ばなければならない。また，図（c）は製作例，図（d）はオシロスコープで観測した出力波形である。

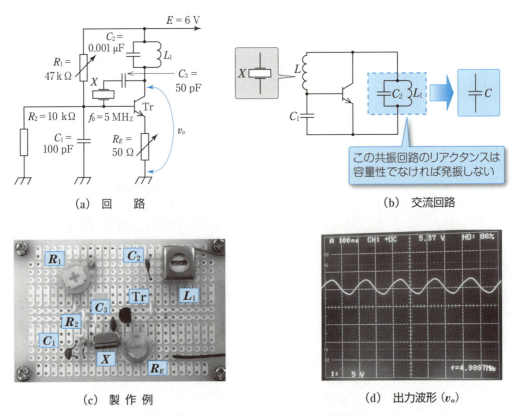

図7.18 コルピッツ発振回路への利用

2 ハートレー発振回路への利用

図7.19（a）は，ハートレー発振回路のコイルの代わりに水晶振動子を利用した回路である。交流回路を描くと図（b）のようになるため，L_1，C_2 による並列共振回路のリアクタンスが誘導性であるときに，ハートレー発振回路になるので，L_1，C_2 による共振周波数は，水晶振動子の固有周波数 f_0 より少し高く選ばなければならない。また，図（c）は製作例，図（d）はオシロスコープで観測した出力波形である。

7.3 水晶発振回路

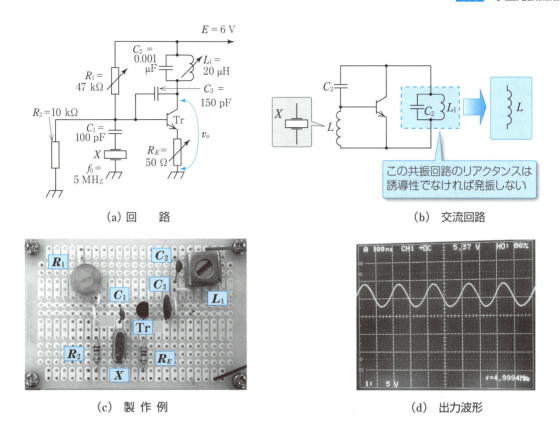

(a) 回　路　　　　　　　　　　　　　　(b) 交流回路

(c) 製作例　　　　　　　　　　　　　　(d) 出力波形

図 7.19　ハートレー発振回路への利用

7.4 RC 発振回路

　RC 発振回路は，R と C で帰還回路を構成する発振回路である。ここでは，RC 発振回路の中でも代表的な移相形発振回路の動作，特性，発振条件について学ぶ。

1 移相形発振回路

　図 7.20（a）は RC 発振回路である**移相形発振回路**であり，図（b）は製作例，図（c）はオシロスコープによる出力波形である。

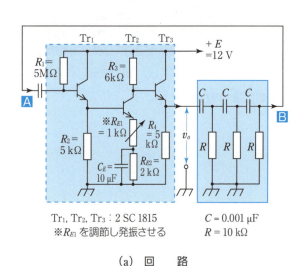

(a) 回　路

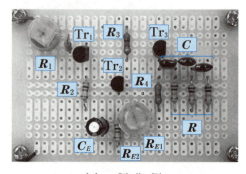

(b) 製作例

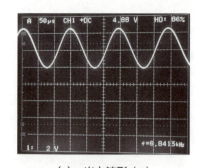

(c) 出力波形（v_o）

図 7.20　移相形発振回路

2 回路の動作

　図（a）の回路において，Tr_1，Tr_2，Tr_3 で構成される部分は増幅回路である。Tr_1，Tr_3 がエミッタホロワになっているので，増幅回路全体では入出力の位相差が 180° となる増幅回路である。

　R，C で構成される部分だけ取り出すと図 7.21（a）の回路となり，これが帰還回路となる。この帰還回路だけの V_o と V_i との位相は，$V_i \to V_1 \to V_2 \to V_o$ となるに従って位相が進み，その大きさは周波数が高く

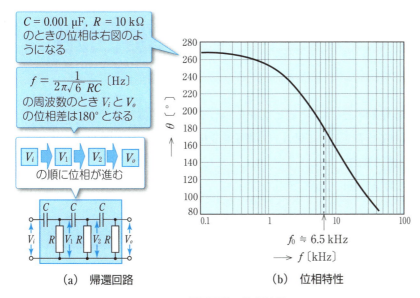

(a) 帰還回路　　(b) 位相特性

図 7.21 帰還回路の位相特性

なるほど小さくなる。図（b）はその位相を表した図であり，ある特定の周波数 f_0 で，V_i と V_o の位相差が 180°になる。

したがって，帰還回路の出力を増幅回路の入力へ接続すれば，f_0 の交流に対して発振の条件が成り立つので，発振周波数 f_0 の発振回路になる。

3　発振条件

（a）位相条件

位相条件は，帰還回路での入力と出力の位相差が 180°になる周波数で成り立つ。その周波数 f_0 は，増幅回路の入力インピーダンスが非常に大きく，出力インピーダンスが非常に小さく，それぞれが帰還回路に影響を与えないとすれば，次式で求められる。

$$（発振周波数）\quad f_0 = \frac{1}{2\pi\sqrt{6}\,RC} \ \text{[Hz]} \tag{7.6}$$

問 3　図 7.21（a）の回路で，発振周波数を 2 kHz にするには，C をいくらにすればよいか求めなさい。ただし，$R = 18\,\text{k}\Omega$ とする。

（b）利得条件

発振周波数の正弦波に対して，図 7.21 の帰還回路の $\dfrac{出力}{入力} = \dfrac{V_o}{V_i}$ を求めると，理論上 $\dfrac{1}{29}$ になる。したがって，増幅回路の増幅度は，29 倍よりも十分大きいことが必要である。

問 4　移相形発振回路のほかの RC 発振回路について調べなさい。

7.5 VCOとPLL発振回路

　LC発振回路では，LとCの値によって発振周波数を変化させてきた。ここでは，入力電圧を変化させることにより発振周波数が変化するVCOと，その応用回路であるPLL発振回路について学ぶ。

1 VCO

1 VCOの動作原理

　VCOは**電圧制御発振器**といい，入力の電圧によって発振周波数を制御することのできる発振器である。VCOの入力電圧-発振周波数特性は，**図7.22**のように，傾きが一定である（直線性がある）ことが望ましい。傾きが一定でないと，VCOを利用する回路（例えば，9.3節で学ぶ周波数変調など）において，周波数によって回路特性が変化してしまうからである。

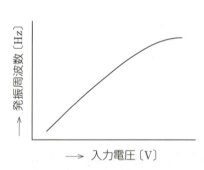

図7.22　入力電圧-発振周波数特性

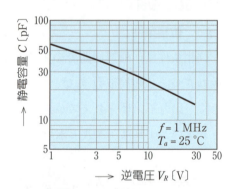

図7.23　可変容量ダイオードの特性
　　　　（1SV103）

　L，Cからなる共振回路を利用して発振回路を製作する。LC発振回路の発振周波数はLとCで決まるので，入力電圧で発振周波数を制御するためには，入力電圧でLとCの値を変えることができればよい。

　ここでは，電圧の変化によりCの値を変えることができる可変容量ダイオードを利用し，発振周波数を変化させる。**図7.23**は可変容量ダイオードの特性であり，逆バイアス電圧が小さいと，Cの静電容量は大きくなり，逆バイアス電圧が大きいと，Cの静電容量は小さくなる。

2 実際のVCO

図7.23の特性を持つ可変容量ダイオードを利用して製作したVCOの回路図が図7.24(a)である。図(b)に製作例を示す。その出力波形が図(d)であり，出力波形のスペクトル[†1]を表したのが図(e)である。

[†1] 波形に含まれる周波数成分のそれぞれの強さを示したもの。

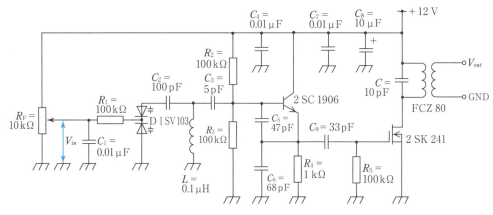

(a) 回 路

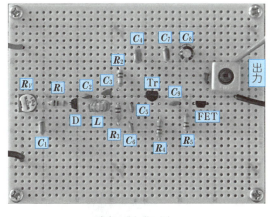

(b) 製作例

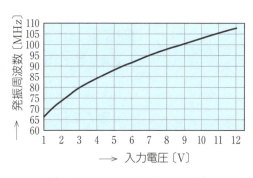

(c) 入力電圧-発振周波数特性

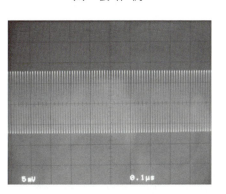

(d) 出力波形

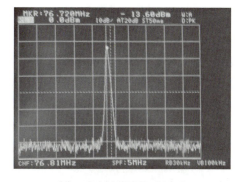

(e) 出力波形のスペクトル

図7.24 VCOの回路と製作例

可変容量ダイオードの静電容量を C_{Vl}, コイルのインダクタンスを $L=0.1\,\mu\mathrm{H}$ としたときに，発振周波数 $f\,[\mathrm{Hz}]$ は

$$f = \frac{1}{2\pi\sqrt{LC_{Vl}}} \quad [\mathrm{Hz}] \tag{7.7}$$

で表される。3 V の電圧をかけたときの静電容量は，図 7.23 から，$C_{V3}=40\,\mathrm{pF}$ となるので，このときの発振周波数 $f\,[\mathrm{MHz}]$ は

$$f = \frac{1}{2\pi\sqrt{0.1\times 10^{-6}\times 40\times 10^{-12}}} = 79.58\,\mathrm{MHz}$$

となる。また，12 V の電圧をかけたときの静電容量は，図 7.23 から，$C_{V12}=21.8\,\mathrm{pF}$ となるので，このときの発振周波数 $f\,[\mathrm{MHz}]$ は

$$f = \frac{1}{2\pi\sqrt{0.1\times 10^{-6}\times 21.8\times 10^{-12}}} = 107.75\,\mathrm{MHz}$$

となり，3 V で 79.58 MHz，12 V で 107.75 MHz の発振周波数で動作する。

図 7.24（c）から，入力電圧に応じて発振周波数が変化しており，この回路が VCO として動作していることがわかる（特性も 3〜12 V の間でほぼ直線性を示している）。

問 5 図 7.23 の特性を持つ可変容量ダイオードに 5 V を加えたときの静電容量 $C_{V5}\,[\mathrm{F}]$ を求めなさい。

問 6 図 7.24（a）の回路で，$C_{V3}=13.0\,\mathrm{pF}$, $L=0.7\,\mu\mathrm{H}$ としたときの発振周波数 $f\,[\mathrm{Hz}]$ を求めなさい。

広い温度範囲で安定に動作し，低雑音の VCO を製作することは難しく，図 7.25 のような金属ケースにパッケージされた VCO が利用される。

図 7.25　VCO の外観

VCO-IC の測定用の回路を図 7.26（a）に示す。R_V を調整し，VCO に加える電圧を変化させることにより，400〜1 100 MHz の発振周波数を RF-OUT から出力する。

図 7.26（d）からわかるように，入力電圧-発振周波数特性が直線性を持っており，直線性が失われやすい高い周波数においてもだいたい直線性を保っている。VCO は入力電圧の変化によって発振周波数が大きく変化してしまう。そこで，電源にはノイズやリプル[†1]のない安定化された

[†1] ripple
　直流に含まれる交流成分のこと。

7.5 VCOとPLL発振回路

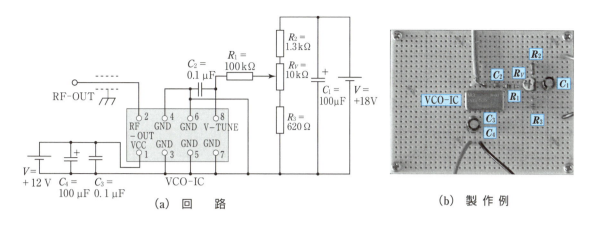

(a) 回路　　　(b) 製作例

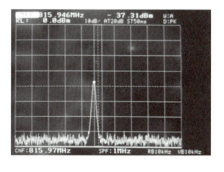

(c) 出力波形のスペクトル

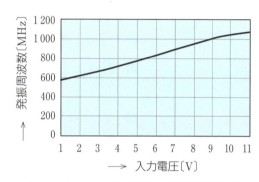

(d) VCO-ICの入力電圧-発振周波数特性

図7.26　VCO-ICによる回路

電源を使用することが必要である。

2 PLL発振回路

1 基本構成と動作原理

PLL発振回路の基本構成を図7.27に示す。PLL発振回路は，基準となる入力信号（f_r）とVCOの出力を帰還させた信号（f_{out}）の位相を比較し，その差に応じた電圧をVCOに入力することで，入力信号に同期した新たな信号を発生させる回路である。

図7.27　PLL発振回路の基本構成

図7.27のように，PLL発振回路は三つのブロックから構成されている。

① 位相比較器　　入力信号と帰還信号の二つの信号の位相差を検出する。

② 低域フィルタ　位相比較器からのリプルを含んだ直流信号を平均化し，交流成分の少ないきれいな直流信号に変換する。

③ 電圧制御発振器　入力の直流信号によって発振周波数を制御する。

PLL 発振回路の動作は以下のとおりである。

1 いま，PLL が同期している状態（$f_r=f_{out}$）から，f_{out} がなんらかの原因で f_r より大きくなった（$f_r<f_{out}$）とする。

2 位相比較器では f_r と f_{out} の位相差をパルスで出力する。

3 低域フィルタによりパルスを直流電圧に変換する。なお，この電圧は f_r と f_{out} の位相差に比例している。

4 VCO は，**3** で変換された直流電圧が高くなると，出力周波数が低くなるよう設計されている。そのため f_{out} が下がり，同期している状態（$f_r=f_{out}$）に戻る。

2 実際の PLL 発振回路

現在，PLL 発振回路には専用の PLL IC を使用することが多い。PLL IC としてよく使われている 4046 を用いた PLL 発振回路と製作例を図 **7.28** と図 **7.29** に示す。

最低周波数 f_{min} と最高周波数 f_{max} は，R_3，R_4 および C_1 の値で決まる。それぞれの関係式は以下のようになる。

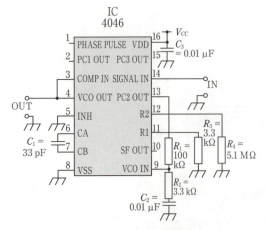

図 **7.28**　PLL 発振回路

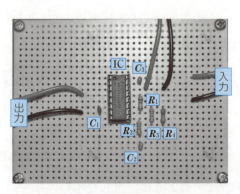

図 **7.29**　製作例

最低周波数 $f_{min} = \dfrac{1}{R_4(C_1 + 32\,\mathrm{pF})} = \dfrac{1}{5.1\times10^6\times(33\times10^{-12}+32\times10^{-12})}$

$\qquad\qquad\quad = 3.02\,\mathrm{kHz}$

最高周波数 $f_{max} = \dfrac{1}{R_3(C_1 + 32\,\mathrm{pF})} + f_{min}$

$\qquad\qquad\quad = \dfrac{1}{3.3\times10^3\times(33\times10^{-12}+32\times10^{-12})} + 3.02\times10^3$

$\qquad\qquad\quad = 4.67\,\mathrm{MHz}$

3 PLL シンセサイザ

特殊な周波数を必要とする際に，PLL 発振回路に図 **7.30** のように分周器を使用して，希望する周波数のクロックを作り出すことができる。

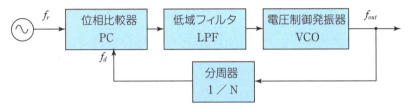

図 7.30 PLL シンセサイザの動作ブロック図

電圧制御発振器 VCO と位相比較器 PC[†1] の間に，分周器 1/N を挿入した構成になっており，VCO の出力周波数を f_{out} とすると次式が成り立つ。

†1 phase comparator

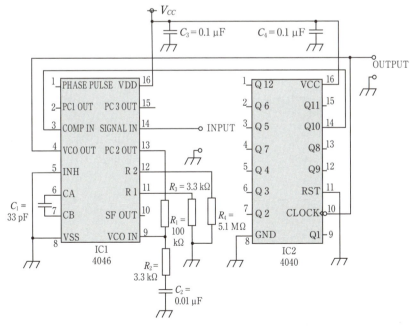

図 7.31 12-Stage-Binary-Counter を利用した 1 024 倍の周波数シンセサイザ

$$f_d = f_{out} \times \frac{1}{N} \tag{7.8}$$

PLLが構成されることによって $f_d = f_r$ が成り立つので，次式となる．

$$f_{out} = f_r \times N \tag{7.9}$$

出力信号周波数 f_{out} は基準信号周波数 f_r の N 倍となり，周波数シンセサイザとして動くことになる．

図 **7.31** の回路は，分周器として 12-Stage-Binary-Counter を利用した 1 024 倍の周波数シンセサイザである．

学習のポイント

1. 発振回路は，正帰還による増幅回路を用いた回路である。
2. 発振の条件は
   ① 位相条件……V_i と V_f が同位相である。
   ② 利得条件……$A\beta>1$ である。
3. $A\beta>1$ で発振が成長し，$A\beta=1$ で発振が安定する。
4. *LC*発振回路（**表7.1**）

表7.1

回路名	発振周波数	回路例	回路の特徴
コレクタ同調形発振回路	$f=\dfrac{1}{2\pi\sqrt{L_1 C_1}}$		コレクタ側に共振回路を入れた発振回路
コルピッツ発振回路	$f=\dfrac{1}{2\pi\sqrt{L_1 C_0}}$ $C_0=\dfrac{C_1 C_2}{C_1+C_2}$		共振回路の電圧を C_1，C_2 で分割した発振回路
ハートレー発振回路	$f=\dfrac{1}{2\pi\sqrt{L_0 C_1}}$ $L_0=L_1+L_2+2M$		共振回路の電圧をコイル二つで分割した発振回路

5. 発振周波数が安定な発振回路として，水晶振動子を用いた水晶発振回路があり，*LC*発振回路の *L* の代わりに用いられることが多い。
6. *RC*発振回路である移相形発振回路の発振周波数は，$f_0=\dfrac{1}{2\pi\sqrt{6}\,RC}$ で求められる。
7. VCO は，可変容量ダイオードの特性を利用し，入力電圧を変化させることによって発振周波数を制御する発振器である。また，入力電圧-発振周波数特性は直線性を持つことが望ましい。発振周波数は $f=\dfrac{1}{2\pi\sqrt{LC_{VI}}}$ で求められる。
8. PLL 発振回路は，位相比較器と低域フィルタと VCO で構成される（**図7.32**）。

図7.32

章末問題

1. 発振回路の位相条件，利得条件とはどのような条件か，簡単に説明しなさい。
2. 増幅度が40倍の増幅回路を発振させるためには，正帰還回路の帰還率 β をいくらにすればよいか求めなさい。
3. 図 7.33（a），（b），（c）の発振回路名と発振周波数を求める式を答えなさい。

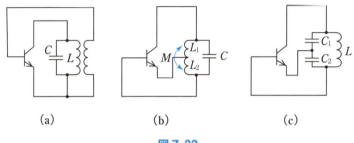

図 7.33

4. 図 7.6 の発振回路で，$L_1 = 250\,\mu\text{H}$，$C_3 = 0.005\,\mu\text{F}$ としたときの発振周波数 $f\,[\text{Hz}]$ を求めなさい。
5. 図 7.11 のコルピッツ発振回路で，$L_1 = 400\,\mu\text{H}$，$C_1 = 0.005\,\mu\text{F}$，$C_2 = 200\,\text{pF}$ としたときの発振周波数 $f\,[\text{Hz}]$ を求めなさい。
6. 図 7.14 のハートレー発振回路で，$L_1 = 180\,\mu\text{H}$，$L_2 = 95\,\mu\text{H}$，相互インダクタンス $M = 130\,\mu\text{H}$，$C_1 = 0.001\,\mu\text{F}$ としたときの発振周波数 $f\,[\text{Hz}]$ を求めなさい。
7. VCO の電圧と周波数の関係を説明しなさい。
8. VCO では，安定化した電源を使用することが必要である。なぜ安定化された電源が必要であるか説明しなさい。
9. PLL 発振回路が安定して波形を出力する動作を説明しなさい。

8章

パルス回路

　パルスとは，定常状態から急激に変化して，また定常状態に戻る波形の電圧や電流をいう。コンピュータをはじめとする電子機器の中で数多く使われている。本章では，パルス波の基礎となる方形パルスの発生回路と波形整形回路の動作について学ぶ。

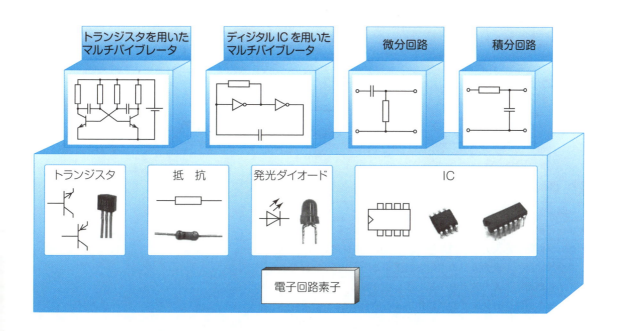

8章 パルス回路

学習の流れ

8.1 方形パルスの発生

（1） パルスとは ⇨ 定常状態から急激に変化し，また定常状態に戻る信号。

（2） 代表的なパルスの種類

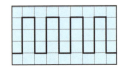
① 方形パルス

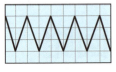
② 三角パルス

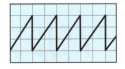
③ のこぎり形パルス

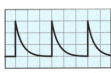
④ 指数関数パルス

（3） 非安定マルチバイブレータによる方形パルスの発生

① トランジスタを利用
　ⅰ）トランジスタのスイッチング作用
　ⅱ）非安定マルチバイブレータの回路動作
　ⅲ）繰り返し周期の計算

② ディジタル IC（C-MOS）を利用
　ⅰ）C-MOS（NOT 回路）について
　ⅱ）非安定マルチバイブレータの回路動作
　ⅲ）繰り返し周期の計算

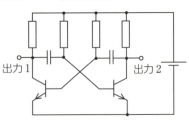
トランジスタを利用した
非安定マルチバイブレータ

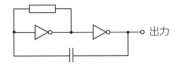
ディジタル IC を利用した
非安定マルチバイブレータ

8.2 いろいろなパルス回路

（1） 微分回路

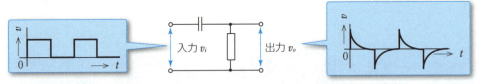

（2） 積分回路

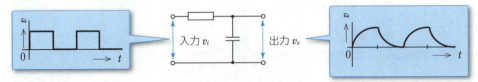

（3） 波形整形回路

回路名	回路の動作
クリッパ回路	入力波形の上部か下部をあるレベルで切り取る
クランプ回路	入力波形の基準レベル（0 V の位置）を変える
リミッタ回路	入力波形の振幅を制限する
スライサ回路	入力波形の一部を薄く切り取る
シュミット回路	ヒステリシス動作による波形整形

8.1 方形パルスの発生

方形パルスは，一定時間ごとにスイッチを開閉することで作ることができる。ここでは，方形パルスを発生させるにあたって，トランジスタのスイッチング作用を利用する方法と，ディジタル IC を使用する方法について学ぶ。

1 非安定マルチバイブレータ

図 8.1（a）の回路を**非安定マルチバイブレータ**[†1]といい，コレクタ-エミッタ間電圧 v_{CE} が図に示すように方形になるので，方形パルスの発生によく用いられる。つぎに，この回路の動作を調べてみよう。

[†1] astable multivibrator

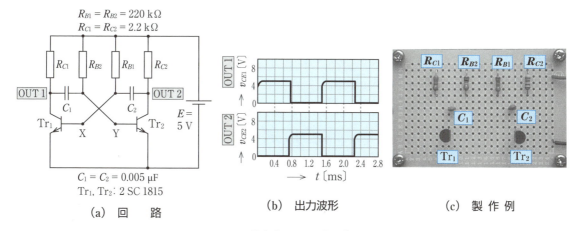

(a) 回 路　　(b) 出力波形　　(c) 製作例

図 8.1　非安定マルチバイブレータ

1 トランジスタのスイッチング作用

図 8.1（b）の v_{CE} の波形を注意してみると，0 V と電源電圧 5 V を交互に規則正しく繰り返している。しかも Tr_1 と Tr_2 とではたがいに反対の値になっている。これと同様な波形は，図 8.2 の回路でスイッチ S_1，S_2 を規則正しく ON，OFF させたときに，スイッチの両端に得られる。

このことからつぎのようにいえる。

「非安定マルチバイブレータの Tr_1 と Tr_2 は，コレクタ-エミッタ間を端子としたスイッチと同じ役割をし，さらに自動的に ON，OFF を繰り返している。」

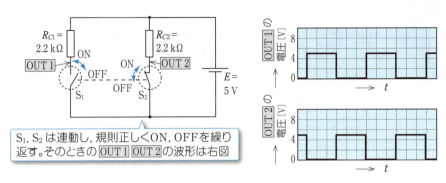

図8.2 スイッチによる方形パルス

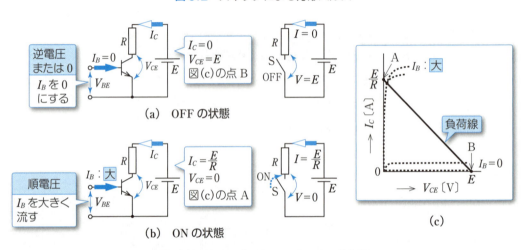

図8.3 トランジスタのスイッチング作用

このように，トランジスタはスイッチング作用を持っているが，そのON，OFFは，図8.3に示すように，ベース-エミッタ間電圧 V_{BE} によってつぎのように決まる。

V_{BE}：逆電圧または0Vのとき　　→ OFF

V_{BE}：順電圧で I_B を大きく流したとき → ON

2 回路の動作

図8.1（a）の Tr_1，Tr_2 がどのような仕組みで交互にON，OFFを繰り返すのか，その動作を調べてみよう。はじめに，Tr_1 がON，Tr_2 がOFFのときの回路動作を考えてみる。

1 $Tr_1 → ON$，$Tr_2 → OFF$ のとき（$t_1 ≦ t < t_2$）

図8.4（a）のように，Tr_1 がONであるのは v_{BE1} に順電圧が加わっているからである。よって，Tr_1 のベース電圧（X）は約0.6Vである。また，Tr_1 がONであるため，Tr_1 のコレクタ電圧（OUT 1）は0Vである。一方，Tr_2 がOFFであるのは，v_{BE2} に逆電圧が加わっているからである。

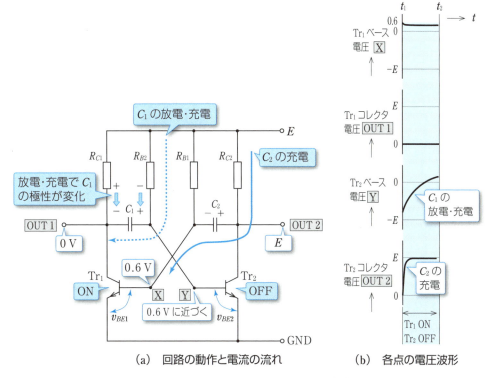

(a) 回路の動作と電流の流れ　　(b) 各点の電圧波形

図 8.4　$Tr_1 \to ON$, $Tr_2 \to OFF$ のとき

そのため，C_1 は左端（Tr_1 のコレクタ）が＋極性になるよう充電されていると考えられる。

その後，時間の経過に伴い，C_2 は，図 8.4（a）の実線で示すように R_{C2} を通じて，C_2 の右端（Tr_2 のコレクタ）が E になるように充電される。C_1 は，図 8.4（a）の破線で示すように R_{B2} を通して放電，さらに，それまでとは逆の極性に充電されていく。そのため，Tr_2 のベース電圧（Y）は徐々に上昇していき，0.6 V に近づく。なお，$R_{B2} \gg R_{C2}$ であるため，C_2 は C_1 より速く充電される。また，このときの各点の電圧波形を図 8.4（b）に示す。

2　$Tr_1 \to OFF$, $Tr_2 \to ON$ のとき（$t_2 \leq t < t_3$）

Y の電圧が 0.6 V 以上になる[†1]と，図 8.5（a）のように Tr_2 が ON になり，OUT 2 は 0 V になる。一方，Tr_2 が ON になる直前まで，C_2 は図 8.4（a）に示す極性で充電されているため，Tr_2 が ON になった瞬間，Tr_1 のベース（X）には逆電圧が加わり，Tr_1 は OFF になる。

その後，時間の経過に伴い，C_1 は，図 8.5（a）の実線で示すように R_{C1} を通じて，C_1 の左端（Tr_1 のコレクタ）が E になるように充電され

†1 実際の回路では，Y の電圧は，C_1 の充電電流により，少しの期間，0.6 V より上昇する。

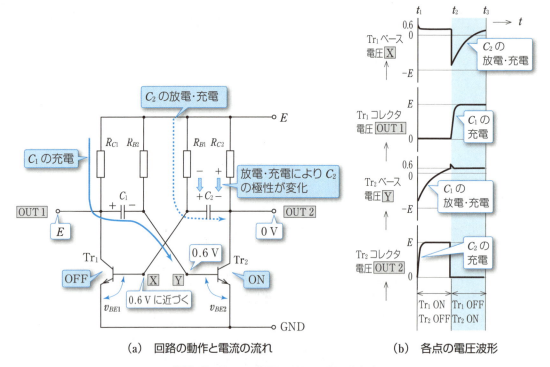

(a) 回路の動作と電流の流れ　　　(b) 各点の電圧波形

図8.5　$Tr_1 \to OFF$，$Tr_2 \to ON$ のとき

る。C_2 は，図8.5（a）の破線で示すように R_{B1} を通して放電，さらに，それまでとは逆の極性に充電されていく。そのため，Tr_1 のベース電圧（X）は徐々に上昇していき，0.6 V に近づく。なお，$R_{B1} \gg R_{C1}$ であるため，C_1 は C_2 より速く充電される。また，このときの各部の電圧波形を図8.5（b）に示す。

3 $Tr_1 \to ON$，$Tr_2 \to OFF$ に戻る
　　（$t_3 \le t < t_4$）

Xの電圧が 0.6 V 以上になる[†1]と，図8.4（a）のように Tr_1 が ON になり，OUT 1 は 0 V になる。一方，Tr_1 が ON になる直前まで，C_1 は図8.5（a）に示す極性で充電されているため，Tr_1 が ON になった瞬間，Tr_2 のベース（Y）には逆電圧が加わり，Tr_2 は OFF になる。なお，この状態は，**1**と同じである。以後，これらの動作を繰り返すことで，パルスは連続的に発生する。各部の電圧波形を図8.6に示す。

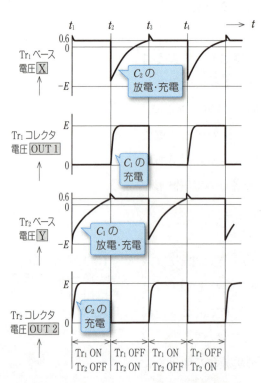

図8.6　方形パルス発生時の各点の電圧波形

(前ページの注) †1 実際の回路では，$\boxed{X}$ の電圧は，C_2 の充電電流により，少しの期間，0.6 V より上昇する。

3 繰り返し周期

回路の動作からわかるように，Tr_1 の OFF 時間 T_1 は $R_{B1}C_2$ によって，また Tr_2 の OFF 時間 T_2 は $R_{B2}C_1$ によって決まり，**繰り返し周期**は近似的にはつぎの式で与えられる。

$$T_1 \fallingdotseq 0.69 R_{B1}C_2 \ [\mathrm{s}], \qquad T_2 \fallingdotseq 0.69 R_{B2}C_1 \ [\mathrm{s}] \tag{8.1}$$

したがって，方形パルスの周期 T はつぎのようになる。

（**方形パルスの周期**）　　$T = T_1 + T_2 \fallingdotseq 0.69(R_{B1}C_2 + R_{B2}C_1) \ [\mathrm{s}]$ 　　(8.2)

問 1 図 8.1 の回路で発生する方形パルスの周期 T [s] を求めなさい。

問 2 図 8.7 の波形の方形パルスを得るには，図 8.1（a）の R_{B1} と R_{B2} をいくらにすればよいか求めなさい。ただし，C_1，C_2 は $0.005 \ \mu\mathrm{F}$ とする。

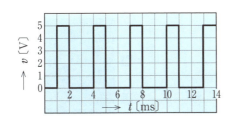

図 8.7

2 ディジタル IC を用いた非安定マルチバイブレータ

ディジタル IC を用いた非安定マルチバイブレータの回路とその動作について調べてみよう。ディジタル IC は，内部を構成するトランジスタの種類によって TTL と C-MOS に分けられる[†1]が，ここでは，入力インピーダンスの高い C-MOS を用いた非安定マルチバイブレータについて学ぶ。

†1 p.35 を参照。

1 C-MOS（NOT 回路）

†2 NOT 回路は，入力が H のとき L，入力が L のとき H を出力する。

図 8.8（a）に示すように，C-MOS（NOT 回路[†2]）は，p チャネルと

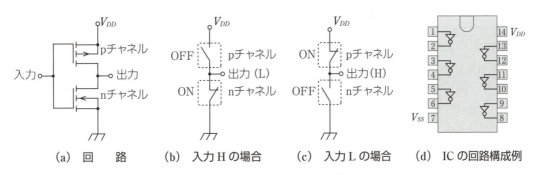

(a) 回　路　　(b) 入力 H の場合　　(c) 入力 L の場合　　(d) IC の回路構成例

図 8.8　C-MOS（NOT 回路）

nチャネルのMOS形FETを用いて構成されている。動作は，FETをスイッチとして考えると，入力がHのときは，nチャネルFETがON，pチャネルFETがOFFで，出力はLになる（図（b））。

入力がLのときは，pチャネルFETがON，nチャネルFETがOFFで，出力はHとなる（図（c））。

これらC-MOS（NOT回路）を組み込んだICの回路構成例を図（d）に示す。

2 C-MOS（NOT回路）による非安定マルチバイブレータ

図8.9はC-MOS（NOT回路）による非安定マルチバイブレータの回路とその波形である。なお，使用するICは74HC04で，電源電圧V_{DD}は5Vとする。そのため，C-MOSのH出力は約5V，L出力は約0Vとなる。

†1 発振周期は，RとCで決まる。R_SはICの入力保護用の抵抗である。

†2 ディジタルICに入力された電圧がHなのかLなのかを判断する境目の電圧のこと。TTLで1V程度，C-MOSは電源電圧の約半分である。p.35，図1.42の「入力の論理レベル」はディジタルICがHかLかを確実に判断できる基準として示されている電圧。

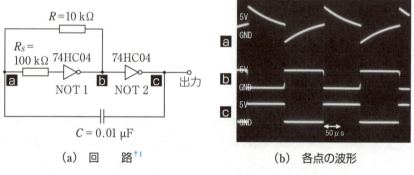

図8.9 C-MOS（NOT回路）による非安定マルチバイブレータ

3 回路の動作

1 初期状態

NOT 1とNOT 2は交互にHとLの出力を繰り返している。ここでは，図8.10（a）に示すように，NOT 1の出力（b）がH，NOT 2の出力（c）がLになったときの動作を考えてみよう。bがHになったとき，図（a）の矢印の向きに電流が流れ，コンデンサCは充電されていく。NOT 1の入力（a）はCの充電に伴い徐々に上昇していき，スレッショルド電圧V_T†2に近づく。各点の波形を図（b）に示す。

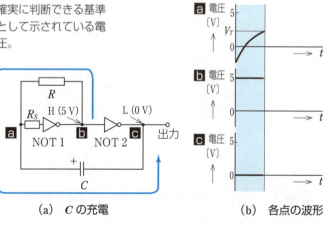

図8.10 初期状態

2 反転状態

aの電圧がスレッショルド電圧 V_T 以上になると，図 **8.11**（a）のように**b**はLに，**c**はHに反転する。反転した瞬間（図（b）の t_1 のとき），コンデンサ C は V_T の電圧で充電されているので，**a**は**c**（5 V）より V_T だけ高い $5+V_T$ となる。その後，図（a）の矢印の向きに電流が流れ，C は図（a）に示した C の極性と逆の極性に充電されていく。そのため**a**の電圧は徐々に減少していき，スレッショルド電圧 V_T に近づく。

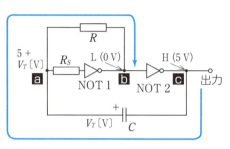

(a) 反転した瞬間（t_1 のとき）の各点の電圧

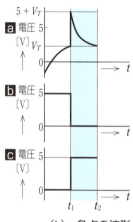

(b) 各点の波形

図 **8.11** 反転状態

3 初期状態に戻る

aの電圧がスレッショルド電圧 V_T 以下になると，図 **8.12**（a）のように**b**はH，**c**はLに再度反転され，**1**「初期状態」に戻る。

以上のような動作が繰り返されることで，パルスは連続して発生する。なお，**b**がH，**c**がLになった瞬間（図 **8.12**（b）の t_2 のとき），コンデンサ C は図（a）に示した極性に $5-V_T$ で充電されているため，**a**は，**c**（0 V）よりも $5-V_T$ だけ低い，マイナスの電圧 $-(5-V_T) = V_T-5$ となる。その後，図（a）の矢印の向きに電流が流れて C は充電されていくので，**a**の電圧は V_T-5 から徐々に上昇する。

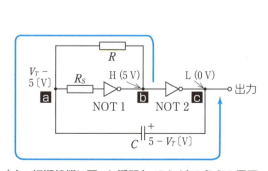

(a) 初期状態に戻った瞬間（t_2 のとき）の各点の電圧

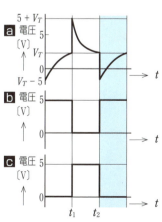

(b) 各点の波形

図 **8.12** 初期状態に戻る

4 発振周期

C-MOS（NOT回路）による非安定マルチバイブレータの発振周期 T は，コンデンサの静電容量 C，抵抗 R，電源電圧 V_{DD}，スレッショルド電圧 V_T によってつぎの式で求めることができる。

$$T = -RC\left\{\log_e\left(\frac{V_T}{V_{DD}+V_T}\right) + \log_e\left(\frac{V_{DD}-V_T}{2V_{DD}-V_T}\right)\right\} \quad [\text{s}] \tag{8.3}$$

スレッショルド電圧 V_T は電源電圧 V_{DD} の半分と考えると，上式はつぎのように表される。

（発振周期）　$$T = -RC\left(\log_e\frac{1}{3} + \log_e\frac{1}{3}\right) \fallingdotseq 2.2RC \quad [\text{s}] \tag{8.4}$$

図 **8.9** の回路の周期 T は，$C=0.01\,\mu\text{F}$，$R=10\,\text{k}\Omega$，$V=5\,\text{V}$（$V_T=2.5\,\text{V}$）なのでつぎのようになる。

$T = 2.2 \times 0.01 \times 10^{-6} \times 10 \times 10^3 = 0.22\,\text{ms}$

問 3　図 **8.9**（a）の回路で，$C=0.001\,\mu\text{F}$，$R=2\,\text{k}\Omega$ のときの発振周期 $T\,[\text{s}]$ と発振周波数 $f\,[\text{Hz}]$ を求めなさい。

8.2 いろいろなパルス回路

パルス波は，振幅方向や時間方向の形をいろいろと変換して利用する。ここでは，代表的な波形の変換回路である微分回路・積分回路およびダイオードを使用した変換回路の動作について学ぶ。

1 微分回路と積分回路

抵抗 R とコンデンサ C によって作られた図 8.13（a）の回路を**微分回路**[†1] といい，入力に図（b）のような方形パルスを入力すると，図のような出力波形が得られる[†2]。

[†1] differentiating circuit
[†2] $RC \ll T_w$ であるとき，出力電圧 v_{cd} は入力電圧 v_{ab} の時間微分に近似されるので，微分回路と呼ばれる。

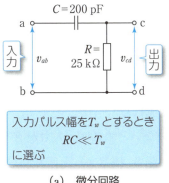
(a) 微分回路

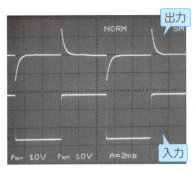
(b) 入出力波形

図 8.13 微分回路

また，図 8.14 の回路を**積分回路**[†3] といい，入力に図（b）のような方形パルスを入力すると，図のような出力波形が得られる[†4]。

[†3] integrating circuit
[†4] $RC \gg T_w$ であるとき，コンデンサ C が充電されているときの出力電圧 v_{cd} は入力電圧 v_{ab} の積分値に比例するので，積分回路と呼ばれる。

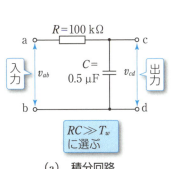
(a) 積分回路

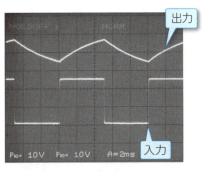
(b) 入出力波形

図 8.14 積分回路

この出力波形からわかるように，これらの回路は方形パルスの波形を変えるのに用いられる。

1 微分回路の動作

図 **8.15** を用いて微分回路の動作を調べてみよう。

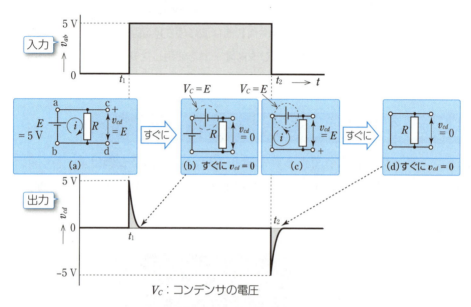

図 **8.15** 微分回路の動作

1 入力が立ち上がった一瞬だけ電流が流れる

入力が立ち上がる前，C に充電されていないとすれば，入力が E 〔V〕に変わった瞬間，R に E 〔V〕が加わり，図 **8.15**（a）と回路が等価になる。したがって，$i = \dfrac{E}{R}$ 〔A〕の電流が流れ，$v_{cd} = E$ 〔V〕となる。しかし，RC が小さいので，C はすぐに E 〔V〕に充電され，回路は図（b）と等価になる。したがって，きわめて短い時間で，$i = 0$，$v_{cd} = 0$ になる。

2 入力が立ち下がると，立ち上がったときとは逆方向に一瞬だけ電流が流れる

C が充電されている状態で入力が 0 になると，その瞬間，回路は図 **8.15**（c）と等価になり，$i = \dfrac{E}{R}$ 〔A〕で前とは逆方向の電流となる。したがって，出力も逆方向で，$v_{cd} = E$ 〔V〕となる。しかし，RC が小さいので，C の充電電圧はきわめて短い時間で 0 となり，回路は図（d）と等価になる。このとき，$i = 0$，$v_{cd} = 0$ になる。

このような動作によって，微分回路は方形パルスの変化のときにだけ出力される回路になる[†1]。

[†1] 微分回路の出力電圧 v_{cd} は次式で示される。

$$v_{cd} = E\varepsilon^{-\frac{t}{RC}}$$

2 積分回路の動作

図8.16を用いて積分回路の動作を調べてみよう。

1 入力が5Vになっている間，Cが充電される

図8.16（a）のように$E=5\,V$の入力が加わると，$i=\dfrac{E}{R}$〔A〕の電流が流れ，Cが充電される。そのとき充電電圧v_{cd}は，RCが大きく，Eに比べてv_{cd}が小さいため，ほぼ$i=\dfrac{E}{R}$〔A〕の定電流による充電電圧となる。したがって，図（b）のように，v_{cd}は入力が5Vになっている間，ほぼ直線で上昇する。

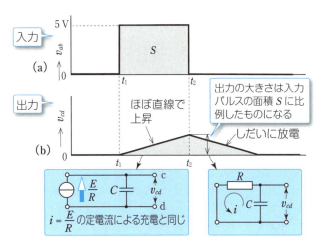

図8.16 積分回路の動作

2 入力が0になると，Cからしだいに放電される

入力が0になれば，RCが大きいので，v_{cd}はしだいに放電のため減少する。したがって，出力は図（b）のようになる。

すなわち，積分回路は方形パルスの面積Sに比例した出力が得られる回路になる[†1]。

入力が図8.17のように連続の方形パルスである場合には，放電が終わらないうちにつぎの充電が始まるので，図（b）のような波形になる。

†1 積分回路の出力電圧v_{cd}は次式で示される。

$$v_{cd}=E\left(1-\varepsilon^{-\frac{t}{RC}}\right)$$

そのため$RC=T_w$では，入力パルスが加わっている間，v_{cd}は曲線で上昇する。

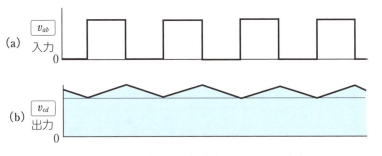

図8.17 入力が連続の方形パルスのときの出力

問 4 微分回路で$RC \gg T_w$の場合，出力波形はどのようになるか，また，積分回路で$RC \ll T_w$の場合，出力波形はどのようになるか求めなさい。T_wは入力パルスの幅とする。

問 5 図8.17の入力を微分回路，積分回路に加えると，出力はどのようになるか求めなさい。

2 波形整形回路

図8.18(a)の波形があるとき，その波形から図(b)，(c)のような波形を作る回路を**波形整形回路**[†1]という。いくつかの具体的な波形整形回路について調べてみよう。なお，ここでは，各回路に使われているダイオードDを理想的なもの（順電圧0V，逆電流0A）として，回路の動作を考える。

[†1] waveform shaping circuit

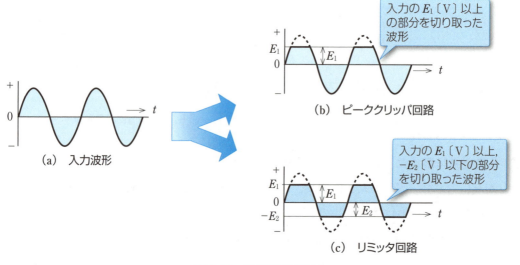

図8.18 波形整形回路例

1 クリッパ回路

入力波形の上部か下部を，設定された電圧で切り取る回路を**クリッパ回路**[†2]という。このうち，入力波形の上の部分を切り取る回路を**ピーククリッパ回路**，下の部分を切り取る回路を**ベースクリッパ回路**という。図8.19，図8.20の回路はその一例である。

[†2] clipping circuit

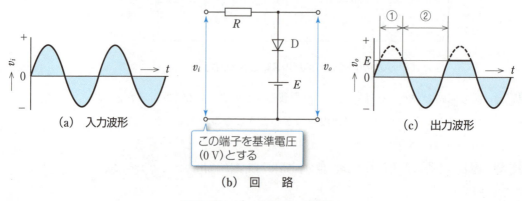

図8.19 ピーククリッパ回路

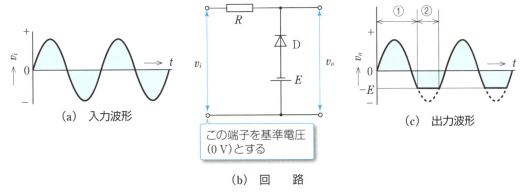

(a) 入力波形

この端子を基準電圧 (0 V) とする

(b) 回　路

(c) 出力波形

図 8.20　ベースクリッパ回路

ピーククリッパ回路の動作　図 8.19 において

① 入力 $v_i \geq E$ のとき，D は ON であるから，出力 $v_o = E$ となる。

② 入力 $v_i < E$ のとき，D は OFF であるから，出力 $v_o = v_i$ となる。

ベースクリッパ回路の動作　図 8.20 において

① 入力 $v_i \geq -E$ のとき，D は OFF であるから，出力 $v_o = v_i$ となる。

② 入力 $v_i < -E$ のとき，D は ON であるから，出力 $v_o = -E$ となる。

問 6　図 8.21 (a), (b), (c) は，クリッパ回路やクリッパ回路を変形させた回路である。その動作を調べ，v_{ab} を横軸に，v_{cd} を縦軸にとったグラフに v_{ab} と v_{cd} の関係を示しなさい。

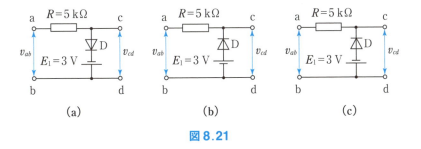

図 8.21

2　クランプ回路

入力信号の基準レベルを，ある特定の電圧に固定させる回路を**クランプ回路**[†1] という。図 8.22 はその一例であり，入力波形のマイナス側の最大電圧 V_p 〔V〕だけ入力波形を持ち上げて，波形の底部を 0 V の位置に固定している。

†1 clamping circuit

回路の動作

① $v_i < 0$ でダイオード D は ON になり，出力 v_o は 0 V となる。このときコンデンサ C は，図 8.22 に示す向きに，入力波形のマイナス側の最大電圧 V_p で充電される。

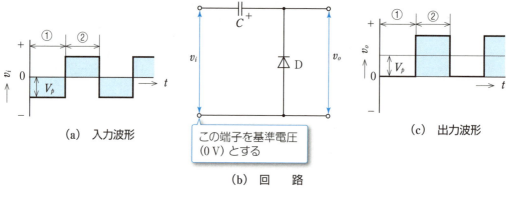

(a) 入力波形　　(b) 回　　路　　(c) 出力波形

図 8.22　クランプ回路

② $v_i \geqq 0$ のときダイオード D は OFF になるので，出力 v_o は，入力電圧 v_i に充電電圧 V_p を加えた電圧となる。そのため，出力 v_o は，入力 v_i と周期や振幅は同じで，V_p だけ上側に移動した波形（入力波形の底部を 0 V に移動させた波形）となる。

問 7　図 8.23（a），（b）の回路では，入力の 0 V の位置はどのように変化するか答えなさい。

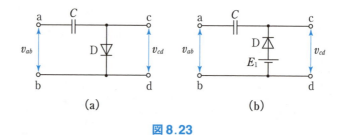

図 8.23

3　リミッタ回路

†1 limiter circuit

リミッタ回路[†1] は，ベースクリッパ回路とピーククリッパ回路を組み合わせた回路で，入力波形の振幅制限をすることができる。図 8.24 に回

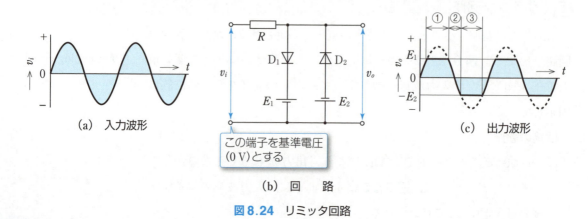

(a) 入力波形　　(b) 回　　路　　(c) 出力波形

図 8.24　リミッタ回路

路の例を示す。

回路の動作

① $v_i > E_1$ 〔V〕のとき，ダイオード D_1 が ON，ダイオード D_2 が OFF となり，出力 $v_o = E_1$ となる。

② $-E_2 \leqq v_i \leqq E_1$ 〔V〕のとき，D_1 が OFF，D_2 も OFF となり，出力 $v_o = v_i$ となる。

③ $v_i < -E_2$ 〔V〕のとき，D_1 が OFF，D_2 が ON となり，出力 $v_o = -E_2$ となる。

問 8 図 8.24（b）の回路において，$R = 10\,\text{k}\Omega$，$E_1 = 1\,\text{V}$，$E_2 = 1\,\text{V}$ である。この回路に $V_{pp} = 10\,\text{V}$ で図 8.24（a）の正弦波を入力したときの出力波形を描きなさい。

4 スライサ回路

入力波形の狭い一部分を切って取り出す回路を**スライサ回路**という。図 8.25 にスライサ回路の例を示す。

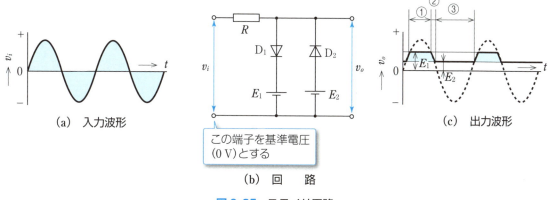

（a）入力波形　（b）回　路　（c）出力波形

この端子を基準電圧（0 V）とする

図 8.25 スライサ回路

回路の動作

① $v_i > E_1$ のとき，ダイオード D_1 が ON，ダイオード D_2 が OFF となり，出力 $v_o = E_1$ となる。

② $E_2 \leqq v_i \leqq E_1$ のとき，D_1 は OFF，D_2 も OFF となり，出力 $v_o = v_i$ となる。

③ $v_i < E_2$ のとき，D_1 は OFF，D_2 は ON となり，出力 $v_o = E_2$ となる。

出力波形は，E_1 より大きい部分と E_2 より小さい部分が切り取られた波形となる。

問 9 図 8.25（b）の回路において，$R = 10\,\mathrm{k\Omega}$，$E_1 = 4\,\mathrm{V}$，$E_2 = 3\,\mathrm{V}$ である。この回路に $V_{pp} = 10\,\mathrm{V}$ で図（a）の正弦波を入力したときの出力波形を描きなさい。

5 シュミット回路

†1 Schmidt circuit

シュミット回路[†1]は，入力ノイズを吸収し，波形を整形する回路である。シュミット回路は，入力信号に対し二つのスレッショルド電圧を持つ。そして，入力信号の電圧が，電圧値の高いスレッショルド電圧（V_{T+}）以上のとき，論理 H を出力し，電圧値の低いスレッショルド電圧（V_{T-}）以下のとき，論理 L を出力する。入力信号が V_{T+} と V_{T-} の間にあるときは，出力に変化はない。なお，このような動作を**ヒステリシス**[†2]という。シュミット回路に三角波を入力したときの出力波形を図 8.26 に示す。

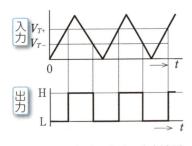

図 8.26　三角波入力時の出力波形

†2 hysteresis
現在の状態が過去の状態に依存すること。このような特性を履歴特性ともいう。

入力電圧が三角波の頂点に向かって上昇しているとき，出力が H に変化するのは，入力電圧が V_{T+} 以上になったときである。また，入力電圧が下降しているとき，出力が L に変化するのは，入力電圧が V_{T-} 以下になったときである。

そのため，図 8.27 のように入力信号にノイズが混入しても，その影響を取り除いた信号を出力することができる。もし，スレッショルド電圧（V_T）が一つの回路に，ノイズ入りの信号が入力されたならば，図 8.28 のようにノイズの影響を受けた信号を出力することになる。

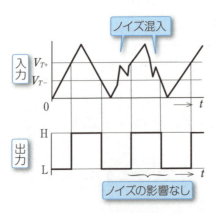

図 8.27　ノイズの影響がない
（シュミット回路）

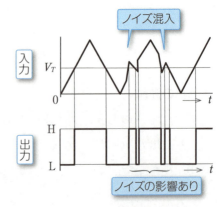

図 8.28　ノイズの影響がある
（V_T が一つ）

学習のポイント

1 非安定マルチバイブレータは，方形パルスを発生させる。二つのトランジスタが周期 $T = T_1 + T_2 ≒ 0.69(R_{B1}C_2 + R_{B2}C_1)$〔s〕で交互に ON と OFF を繰り返す。

2 非安定マルチバイブレータは，ディジタル IC（C-MOS NOT 回路）を用いて作ることもできる。周期は $T ≒ 2.2RC$ で求めることができる。

3 微分回路・積分回路

（1） 微分回路　近似的に入力電圧の波形を時間で微分した電圧波形を出力する回路。

（2） 積分回路　近似的に入力電圧の波形を時間で積分した電圧波形を出力する回路。

4 波形整形回路（表8.1）

表8.1

回路名	回路	出力波形
ピーククリッパ回路	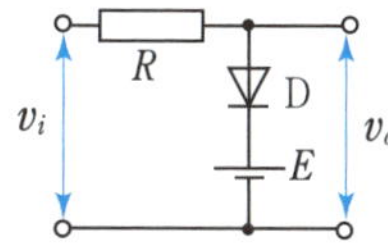	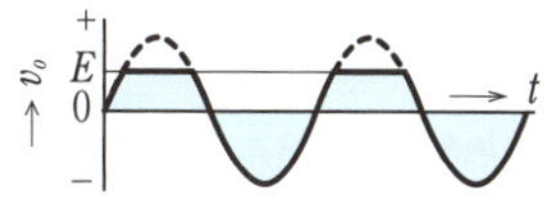
ベースクリッパ回路	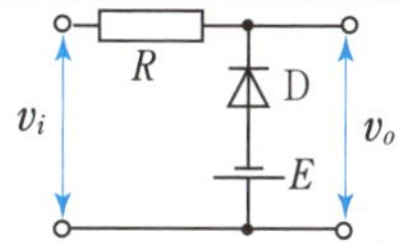	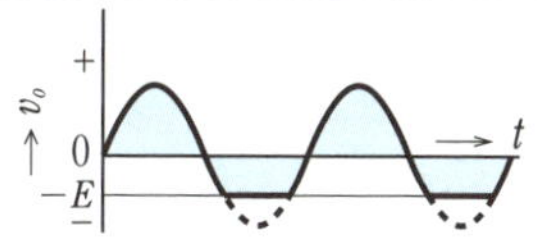
クランプ回路	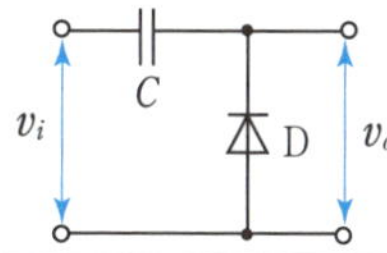	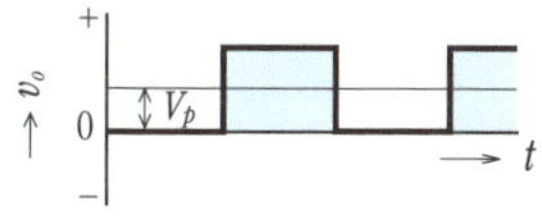
リミッタ回路	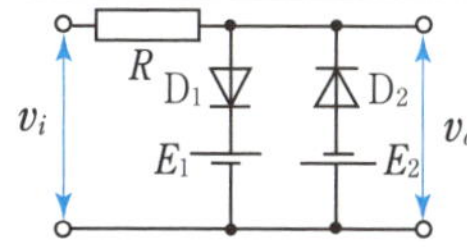	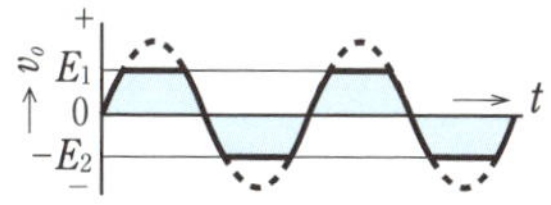
スライサ回路	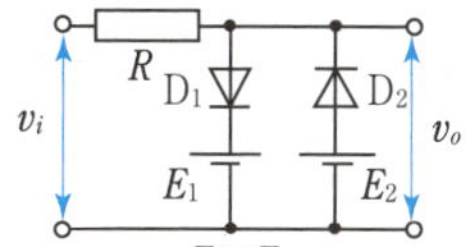	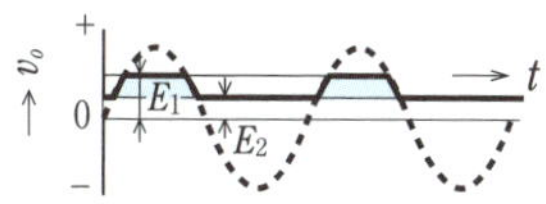

シュミット回路（図8.29）

（1） 働き・特徴

① 入力ノイズを吸収

② 波形を整形

③ ヒステリシス動作

（2） 入出力波形の例

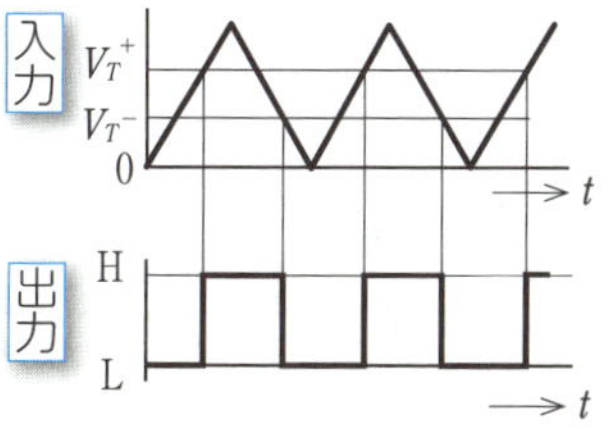

図8.29

章末問題

1 図 8.30 の回路の v_{CE1}, v_{CE2}, v_{BE1}, v_{BE2} の波形を示しなさい。

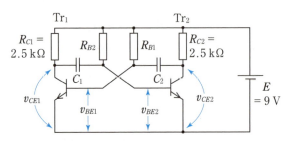

$R_{B1} = R_{B2} = 300\text{ k}\Omega$, $C_1 = 0.002\text{ μF}$, $C_2 = 0.001\text{ μF}$

図 8.30

2 トランジスタのスイッチング作用について説明しなさい。

3 図 8.31 (a)〜(h) の回路は，二つずつ同じ働きをする回路がある。その組み合わせはどれか答えなさい。

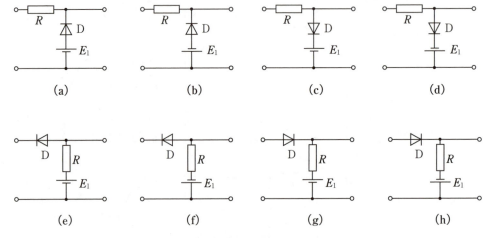

図 8.31

4 つぎの回路の働きを簡単に説明しなさい。

（1） 微分回路　（2） 積分回路　（3） クリッパ回路　（4） クランプ回路

（5） リミッタ回路　（6） スライサ回路　（7） シュミット回路

5 図 8.32 に示す方形パルスの振幅 A〔V〕，パルス幅 T_w〔s〕，繰り返し周期 T〔s〕，繰り返し周波数 f〔Hz〕を求めなさい。

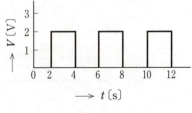

図 8.32

変調・復調回路

　音声などの信号は直接電波にすることはできない。これらの信号を電波とするには，搬送波と呼ばれる高周波信号に混合させればよい。このことを変調という。またその逆を復調という。本章では，変調・復調の例として，AMとFMの変調・復調回路の考え方と動作について学ぶ。

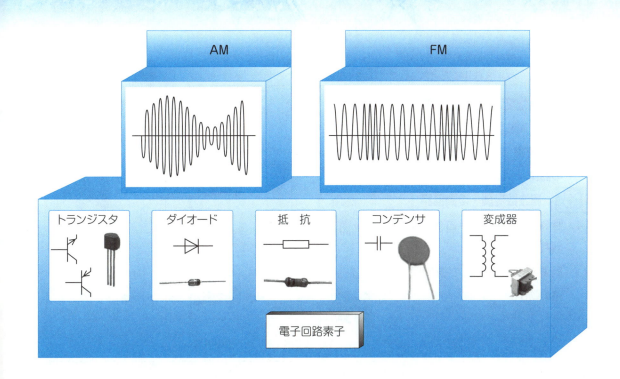

9章 変調・復調回路

学習の流れ

9.1 変調・復調

（1） 変　調 ⇨ 音声や画像などの信号を効率よく伝送するため，搬送波と呼ばれる高周波信号に信号を混合したり，いろいろな種類のパルスの変化に変換すること。

（2） 復　調 ⇨ 変調された信号から音声信号や画像信号などの信号を取り出すこと。

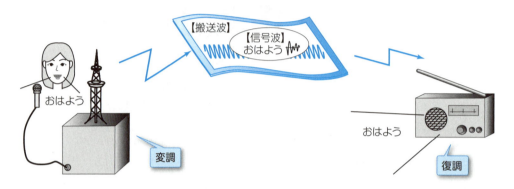

電波を用いた変調・復調のイメージ

（3） 変調の種類

変調名		どのような変調か
振幅変調（AM）		搬送波の振幅を変化させる変調
周波数変調（FM）		搬送波の周波数を変化させる変調
位相変調（PM）		搬送波の位相を変化させる変調
パルス変調	パルス振幅変調（PAM）	パルスの振幅を変化させる変調
	パルス幅変調（PWM）	パルス幅を変化させる変調
	パルス位置変調（PPM）	パルスの時間的位置を変化させる変調
	パルス符号変調（PCM）	パルス符号に変換する変調

信号波

搬送波

振幅変調波

周波数変調波

9.2 振幅変調・復調回路
（1） 特徴・周波数成分・変調度
（2） 振幅変調（AM）・復調回路の動作

9.3 周波数変調・復調回路
（1） 特徴・周波数成分・占有周波数帯幅
（2） 周波数変調（FM）・復調回路の動作

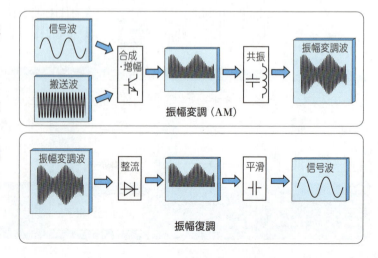

9.1 変調と復調

音声信号や画像信号を伝送に都合のよい信号に変えるのが変調であり，その逆が復調である。ここでは，変調と復調の役割を調べるとともに，変調，復調の種類とそれらの特徴を学ぶ。

1 変調，復調の役割

音声信号などの信号を別の高周波信号に混合することを**変調**[†1]といい，その反対に，混合した信号からもとの信号を取り出すことを**復調**[†2]という。

[†1] modulation

[†2] demodulation

変調は，ラジオ放送，テレビジョン放送，電話，インターネットなどの通信の分野で広く利用されているが，図9.1のラジオ放送の場合を例にして変調の役割を調べてみよう。

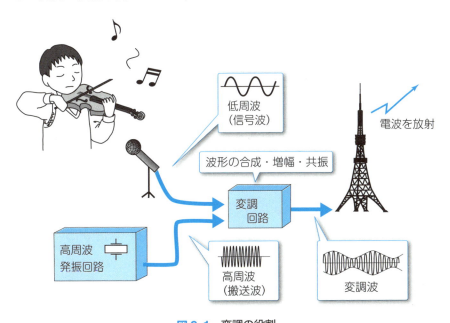

図9.1 変調の役割

ラジオ放送では，スタジオなどで得られる音声信号を，電波を利用して遠方へ伝えなければならない。しかし，音声信号のような低周波をそのまま増幅してアンテナから電波として発射しても，中心周波数に比べて帯域

幅が広くて効率が悪く，実用的ではない。一般に，効率よく電波を発射するには

① 周波数が高いこと（特別な場合を除いて数百 kHz 以上）
② 帯域幅が中心周波数と比べて小さいこと

が必要である。

このためにラジオ放送では，図 9.1 のように，電波として発射しやすい高周波の振幅を，伝送したい低周波の信号の大きさに応じて変化（変調）させて電波を発射している。このとき用いる高周波は，音声の**信号波**を搬送する役割を持っているので，**搬送波**[†1] という。

[†1] carrier wave

2 変調の種類

変調には何種類かの変調方式がある。それぞれの変調は，特徴と使用方法が異なる。そこで，いくつかの代表的な変調方式について学ぶ。

1 振幅変調

振幅変調（**AM**[†2]）は図 9.2（c）に示すように，搬送波の振幅を信号の大きさで変える変調方式である。AM ラジオ放送や航空無線はこの変調で行われている。

振幅変調方式は，送信機も受信機も構成が簡単であるという利点がある。雑音に弱いが，長距離通信に使われている。

[†2] amplitude modulation

2 周波数変調

周波数変調（**FM**[†3]）は，図 9.2（d）に示すように，搬送波の周波数を信号波の大きさで変える変調方式である。FM ラジオやアマチュア無線，業務用無線はこの変調で行われている。

周波数変調方式は，音がきれいで雑音に非常に強いことが利点である。しかし，比較的広い周波数を占有することや，送信機の効率が悪いことなどの欠点がある。

[†3] frequency modulation

3 位相変調

位相変調（**PM**[†4]）は，図 9.2（e）に示すように，搬送波の位相を信号の大きさで変える変調方式である。業務用の無線に使われるほかに，位相変調は簡単な回路によって周波数変調に変えられるので，周波数変調の一部としても使われる。また，ディジタル通信技術との相性がよいため，現在のディジタル変調の多くがこの変調を活用している。

[†4] phase modulation

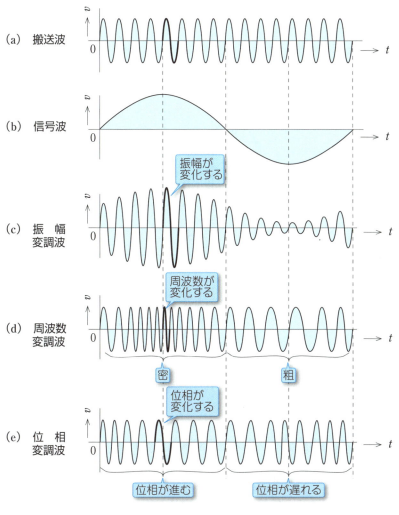

図 9.2　各変調波形

4　パルス変調

搬送波として正弦波ではなく，パルス波を用いる変調方式がある。これを**パルス変調**[†1] という。

① **パルス振幅変調（PAM**[†2]**）**

図 9.3（b）に示すように，パルスの振幅を信号の振幅に応じて変化させる方式である。一定間隔のパルスの電圧の振幅により，波形を表し生成するものである。アナログ時分割多重伝送に用いられる。

② **パルス幅変調（PWM**[†3]**）**

図 9.3（c）に示すように，パルス信号を出力しておく時間（パルス幅）を長くしたり，短くしたりして，電流や電圧を制御する方式である。インバータの制御方式や LED の点灯の明るさを変化させるときに用いら

[†1] pulse modulation
[†2] pulse-amplitude modulation
[†3] pulse-width modulation

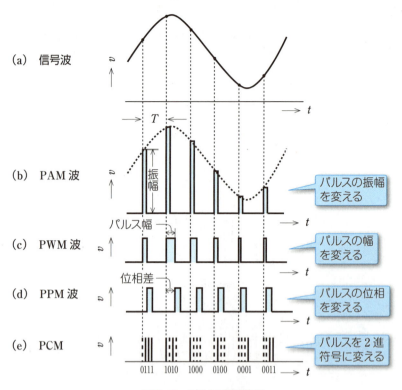

図 9.3 パルス変調波形

れる。

③ パルス位置変調（パルス位相変調，PPM[1]）

図 9.3（d）に示すように，パルスの位相（時間的位置）を信号の振幅に応じて変化させる方式である。一定幅のパルスの位置により，波形振幅を表し生成するものである。サイリスタ位相制御の制御用パルスとして利用される。

④ パルス符号変調（PCM[2]）

図 9.3（e）に示すように，信号の振幅に応じたパルス符号に変換する方式である。アナログ信号をディジタル信号に変換する方式の一種である。一定の周期で標本化された信号を量子化し，2進符号化するものである。ディジタル伝送に用いられる。

[1] pulse-position modulation, pulse-phase modulation

[2] pulse-code modulation

9.2 振幅変調・復調回路

振幅変調は，変調の基本となるものであり，AMラジオ放送や他の変調と組み合わせてさまざまなところで使われている。ここでは，振幅変調の特徴や代表的な変調・復調回路の動作について学ぶ。

1 振幅変調の特徴

1 周波数成分

振幅変調は，図9.4のように，搬送波の振幅が信号波の大きさに応じて変化しているので，変調波は単一の正弦波ではなく，いくつかの正弦波の合成として表すことができる。

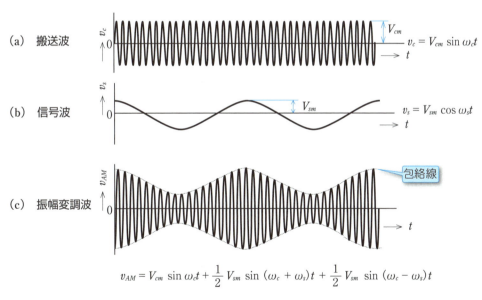

図9.4 振幅変調波形

いま，搬送波 v_c を

$$v_c = V_{cm} \sin \omega_c t \tag{9.1}$$

〔V_{cm}：搬送波の最大値，$\omega_c = 2\pi f_c$（f_c：搬送波の周波数）〕

信号波 v_s を

$$v_s = V_{sm} \cos \omega_s t \tag{9.2}$$

〔V_{sm}：信号波の最大値，$\omega_s = 2\pi f_s$（f_s：信号波の周波数）〕

で表すとき，振幅変調波 v_{AM} の周波数成分がどのようになるかを調べてみよう。

振幅変調波 v_{AM} は，v_c の振幅を v_s の大きさに応じて変化させるのであるから，式 (9.1) の V_{cm} の代わりに $V_{cm}+v_s$ とすればよい。したがって

（振幅変調波）　　$v_{AM} = (V_{cm} + V_{sm} \cos \omega_s t) \sin \omega_c t$ 　　　(9.3)

となる。式 (9.3) を展開して整理すると

$$v_{AM} = V_{cm} \sin \omega_c t + \frac{1}{2} V_{sm} \sin(\omega_c + \omega_s)t$$
$$+ \frac{1}{2} V_{sm} \sin(\omega_c - \omega_s)t \quad (9.4)$$

となる。

式 (9.4) から，周波数 f_c の搬送波を周波数 f_s の信号波で振幅変調した波形は，f_c，$f_s + f_c$（**上側波帯**という），$f_s - f_c$（**下側波帯**という）の三つの周波数成分の正弦波を合成したものになることがわかる。

また，この含まれる成分を図 9.5 のような図で表すとき，これを**周波数スペクトル**[†1] という。

†1 frequency spectrum

信号波が単一の正弦波の場合の周波数成分は，図 9.5 のように，飛び飛びの成分になる。しかし，一般に信号波はある周波数の幅を持っているので，上側波，下側波の周波数成分を表す場合にも，図

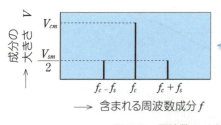

図 9.5　周波数スペクトル

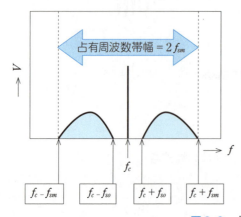

図 9.6　占有周波数帯幅

9.6 のように周波数幅で示さなければならない。この周波数の幅を**占有周波数帯幅**[†1] B といい，振幅変調の場合，信号波の最高周波数 f_{sm} とすれば占有周波数帯幅 $B = 2f_{sm}$ となる。

[†1] occupied bandwidth

問 1 音声の周波数幅は 20 Hz から 20 kHz といわれている。この音声を振幅変調したときの占有周波数帯幅 B を求めなさい。

問 2 日本の AM ラジオ放送では，占有周波数帯幅 B を最大 15 kHz にしている。この場合の信号波の最高周波数 f_{sm} を求めなさい。

2 変調度

振幅変調回路で，変調後の波形が図 9.7 のようになったとき，この変調の度合いを表すのに次式の**変調度**[†2] m が用いられる。

$$（変調度） \quad m = \frac{V_{sm}}{V_{cm}} \times 100 \ [\%] \qquad (9.5)$$

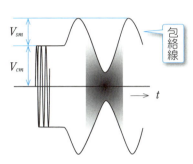

図 9.7 変調度

通常 $m < 100\%$ で用いられるが，$m > 100\%$ の場合は**過変調**[†3] といい，一時的に出力が零になる。

また，図 9.7 の波形で示したように，振幅変調波形の上側の各頂点を結んだ線と下側の各頂点を結んだ線を**包絡線**[†4] という。

[†2] modulation factor
[†3] overmodulation
[†4] envelope

例題 1

図 9.8 のように，振幅変調波の山の部分の大きさと谷の部分の大きさを A，B とすると，変調度 m は式 (9.6) で与えられることを説明しなさい。

$$m = \frac{A - B}{A + B} \times 100 \ [\%] \quad (9.6)$$

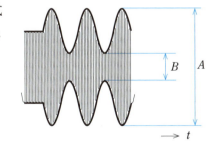

図 9.8

解答

V_{sm} は図 9.9 から

$$V_{sm} = \frac{\frac{A}{2} - \frac{B}{2}}{2} = \frac{\frac{A-B}{2}}{2} = \frac{A-B}{4}$$

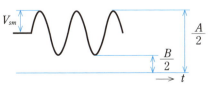

図 9.9

V_{cm} は図 9.10 から

$$V_{cm} = V_{sm} + \frac{B}{2} = \frac{A-B}{4} + \frac{B}{2} = \frac{A-B}{4} + \frac{2B}{4} = \frac{A-B+2B}{4} = \frac{A+B}{4}$$

式 (9.5) から変調度 m は

$$m = \frac{V_{sm}}{V_{cm}} \times 100 = \frac{\frac{A-B}{4}}{\frac{A+B}{4}} \times 100 = \frac{A-B}{A+B} \times 100 \ \ [\%]$$

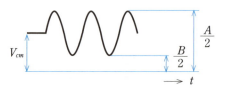

図 9.10

問 3 図 9.8 の振幅変調で $A = 50$ mV, $B = 30$ mV のとき, 変調度 m を求めなさい。

問 4 変調度 $m = 100\%$ の波形はどのような波形か答えなさい。

2 振幅変調回路

図 9.11 は振幅変調回路の例である。この回路では, 搬送波として f_c

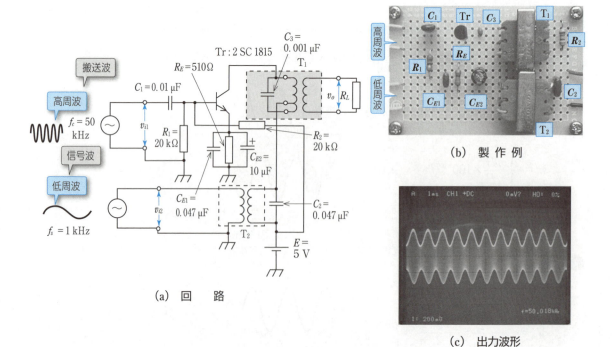

(a) 回路

(b) 製作例

(c) 出力波形

図 9.11 振幅変調回路

=50 kHz の高周波を入力し，信号波として音声周波数の低周波を入力すると，負荷 R_L の両端に振幅変調波が得られる。

回路の動作　図9.11（a）の回路の動作を調べてみよう。

1　信号波が加わらないとき

図9.11（a）の回路は，信号波の回路を除くと図9.12（a）の回路と同じになり，出力側だけに同調回路を持った高周波増幅回路となる。したがって，i_C は図（b）に示すように，K_1 を動作点として交流負荷線 AB に従って変化するが，この回路を変調回路として動作させるには，入力を十分大きくし，i_C を飽和させておく必要がある。

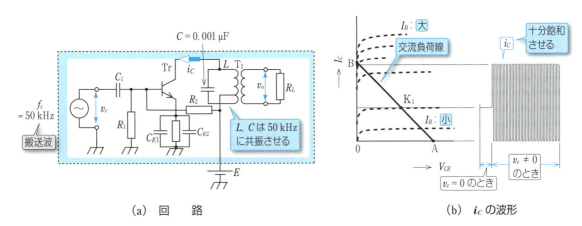

図9.12　搬送波だけのときの動作

2　信号波が加わったとき

信号波が加わると，図9.13 に示すように，回路は電源電圧 E に信号波の電圧 v_s が直列に加わったのと同じになる。

したがって，交流負荷線は図9.14（a）に示すように，信号波 v_s の大

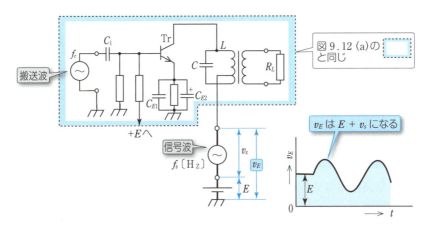

図9.13　信号波 v_s が加わったときの動作（1）

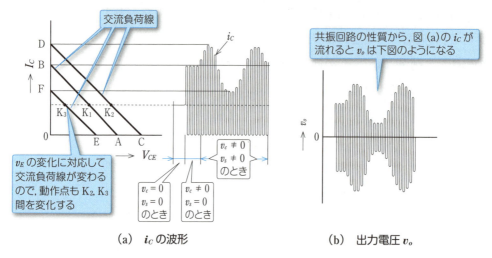

(a) i_C の波形　　　(b) 出力電圧 v_o

図 9.14 信号波 v_s が加わったときの動作（2）

きさに応じて CD から EF の間で変わるようになるので，この回路での i_C はつねに一定ではなく，信号波の大きさに対応した波形となる。

図 9.14（a）のような i_C が LC 共振回路に流れれば，図 9.15 のような共振回路の性質から，出力 v_o の波形は，正負対称形の図 9.14（b）の波形すなわち振幅変調波が得られる。

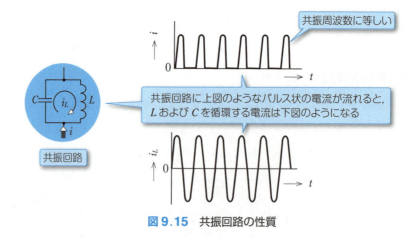

図 9.15 共振回路の性質

問 5 図 9.12 の回路で，v_c が小さくて i_C を十分に飽和させることができないときの出力 v_o はどのようになるか答えなさい。

3 振幅復調回路

振幅変調波の包絡線は信号波となっている。したがって，変調波の包絡線と同じ波形が得られれば，復調が行われたことになる。この復調によく用いられる回路に図 9.16（a）があり，**包絡線復調回路**という。

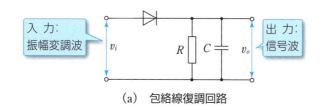

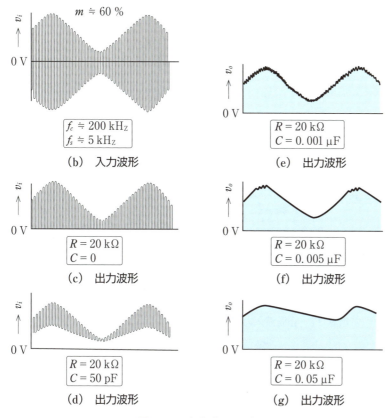

図 9.16 振幅復調回路

この回路の入力に，図（b）の振幅変調波を加え，出力波形を観測すると，コンデンサ C の静電容量と抵抗 R の大きさの組み合わせの違いによって，図（c）〜（g）になる。この図からわかるように，この回路では適切な R と C を用いることによって，出力に信号波を得ることができる。

回路の動作　図 9.17（a）に示すように，まず入力に正弦波を加えたときの出力について調べてみよう。

入力電圧を v_{ab}，出力電圧を v_{cd} とすると，図（a）の A の区間のように，$v_{ab}-v_{cd}>0$ のときは，ダイオード D に順電圧が加わるので，ダイオードに電流が流れる。その電流によりコンデンサ C が充電され，出力

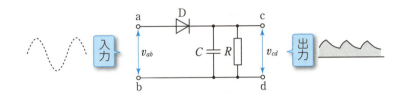

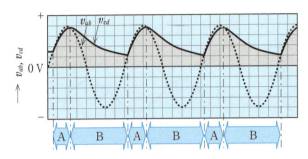

(a) 入力と出力の関係

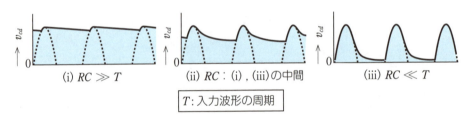

(i) $RC \gg T$　　(ii) RC：(i), (iii)の中間　　(iii) $RC \ll T$

T：入力波形の周期

(b) RCの大きさによるv_{cd}の違い

図9.17 正弦波入力のときの動作

v_{cd} は上昇する。

しかし，$v_{ab} - v_{cd} < 0$ のとき，すなわち図（a）のB区間では，ダイオードDに逆電圧が加わり，コンデンサは充電されず，蓄えられた電荷は反対に抵抗Rを通して放電する。したがって，出力v_{cd}は下降する。このため，出力v_{cd}は図（a）のグラフのようになるが，放電するときのv_{cd}の下降は，すでにRC放電で学んだように，RCの大きさにより図（b）のグラフのように変化する。すなわち，つぎのようになる。

1 $RC \gg$ 入力波の周期 T のとき　　図9.17（b）（i）のように，v_{cd}は，ほぼ入力v_{ab}のピーク値に等しい直流に近い波形になる。

2 $RC \ll$ 入力波の周期 T のとき　　図9.17（b）（iii）のように，v_{cd}は，ほぼv_{ab}に追随した波形になる。

このため，入力に振幅変調波を加えるとき，RCの値を搬送波の周期T_cよりも十分大きくし，信号波の周期T_sよりも十分小さくすれば，振幅変調波の包絡線に従った出力，すなわち信号波が得られる。

9.3 周波数変調・復調回路

周波数変調は，振幅変調とともに変調の基本となるものであり，FMラジオ放送など幅広く利用されている。ここでは，周波数変調の特徴や，代表的な変調・復調回路の動作について学ぶ。

1 周波数変調の特徴

1 周波数成分

いま，図9.18のように，搬送波 v_c を

$$v_c = V_{cm} \sin \omega_c t \tag{9.7}$$

信号波 v_s を

$$v_s = V_{sm} \cos \omega_s t \tag{9.8}$$

で表すとき，周波数変調波 v_{FM} の周波数成分がどのようになるかを調べてみよう。

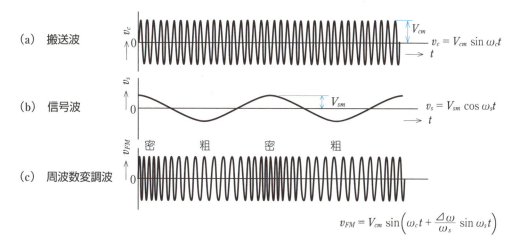

図9.18 周波数変調波形

周波数変調波 v_{FM} は，v_c の周波数を v_s の大きさに応じて変化させるのであるから，式（9.7）の ω_c の代わりに，$\omega_c + \Delta\omega \cos \omega_s t$ とすればよい。ここで，$\Delta\omega$ は信号波 v_s の大きさが最大のときの角周波数の偏移とする。この関係を使って v_{FM} を求めると次式となる。

$$（周波数変調波）\quad v_{FM} = V_{cm} \sin\left(\omega_c t + \frac{\Delta\omega}{\omega_s} \sin \omega_s t\right)$$
$$= V_{cm} \sin\left(2\pi f_c t + \frac{\Delta f}{f_s} \sin 2\pi f_s t\right) \quad (9.9)$$

†1 maximum frequency deviation

ここで，f_c は搬送波の周波数，Δf は**最大周波数偏移**[†1]，f_s は信号波の周波数である。

この式において

$$（変調指数）\quad m = \frac{\Delta\omega}{\omega_s} = \frac{\Delta f}{f_s} \quad (9.10)$$

†2 modulation index

としたとき，m を**変調指数**[†2] という。

$m=2$ のときの周波数変調波 v_{FM} の周波数スペクトルは，**図9.19** のようになり，信号波の周波数 f_s の間隔で無数に生じることになる。

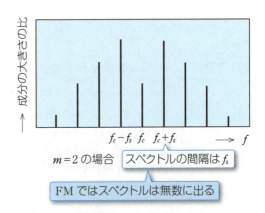

図9.19 周波数変調波の周波数スペクトル

2 占有周波数帯幅

周波数スペクトルからわかるように，周波数変調では占有周波数帯幅 B はたいへん広くなる。しかし，中心周波数から十分離れたところでは，その成分を無視しても復調に影響が出ない。このため，一般には

$$（占有周波数帯幅）\quad B = 2(\Delta f + f_s \text{の最高値}),\quad \Delta f = \frac{\Delta\omega}{2\pi} \quad (9.11)$$

を周波数変調の占有周波数帯幅としている。

問 6 最大周波数偏移 Δf が 75 kHz で，信号波の周波数 f_s の最高値が 15 kHz のとき，占有周波数帯幅 B 〔Hz〕を求めなさい。

2 周波数変調回路

図9.20は周波数変調回路の例である。この回路では，搬送波は約4 MHzの高周波をコルピッツ発振回路で発振させ，発振周波数を可変容量ダイオードD_1，D_2に加わる信号波の電圧で変えるようにしている。

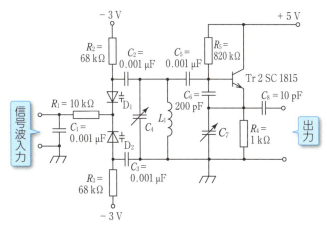

(a) 回　路

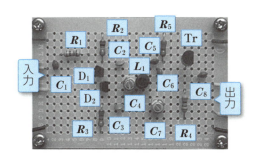

(b) 製作例

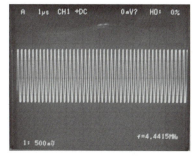

(c) 出力波形

図9.20　周波数変調回路

回路の動作

ダイオードの静電容量をC_Dで表し，図9.20の交流回路を描くと図9.21となる。

回路はコルピッツ発振回路となり，発振周波数fは次式となる。

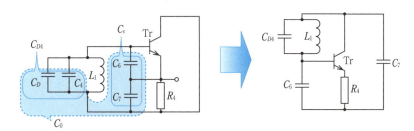

図9.21　交流回路

$$f \fallingdotseq \frac{1}{2\pi\sqrt{L_1 C_0}} \quad \begin{pmatrix} C_s &: C_6, C_7 \text{の直列合成静電容量} \\ C_{D4} &: C_D, C_4 \text{の並列合成静電容量} \\ C_0 &: C_{D4}, C_s \text{の並列合成静電容量} \end{pmatrix} \quad (9.12)$$

したがって，入力がないときの発振周波数 f_0 はつぎのようになる。

$$C_s = \frac{1}{\frac{1}{200}+\frac{1}{30}} = 26 \text{ pF} \quad (C_7 = 30 \text{ pF で計算})$$

$$C_0 = 80 + 30 + 26 = 136 \text{ pF} \quad (C_4 = 80 \text{ pF で計算})$$

$$f_0 = \frac{1}{2\pi\sqrt{10\times10^{-6}\times136\times10^{-12}}} = 4.32\times10^6 \text{ Hz}$$

$$\therefore \quad f_0 \fallingdotseq 4.32 \text{ MHz}$$

入力が加わり，C_0 が ±8 pF 増減したとすれば，そのときの周波数 f_1, f_2 はつぎのようになる。

C_D が増加のとき

$$f_1 = \frac{1}{2\pi\sqrt{10\times10^{-6}\times144\times10^{-12}}} = 4.19\times10^6 \text{ Hz}$$

$$\therefore \quad f_1 \fallingdotseq 4.19 \text{ MHz}$$

C_D が減少のとき

$$f_2 = \frac{1}{2\pi\sqrt{10\times10^{-6}\times128\times10^{-12}}} = 4.45\times10^6 \text{ Hz}$$

$$\therefore \quad f_2 \fallingdotseq 4.45 \text{ MHz}$$

すなわち，最大周波数偏移 $\Delta f = f_2 - f_1 = 0.26 \text{ MHz} \fallingdotseq 260 \text{ kHz}$ の周波数変調波が得られる。

3 周波数復調回路

[†1] ratio detector

図 9.22（a）は**比検波器**[†1]と呼ばれる周波数復調回路の例である。

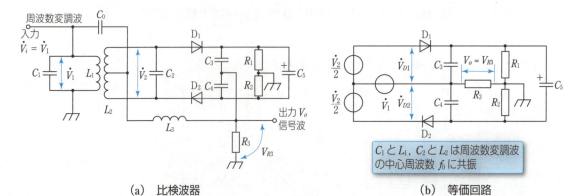

（a） 比検波器　　　　　　　　　　　　　（b） 等価回路

C_1 と L_1，C_2 と L_2 は周波数変調波の中心周波数 f_0 に共振

図 9.22 周波数復調回路の例

この回路では，C_1 と L_1 そして C_2 と L_2 をそれぞれ周波数変調波の中心周波数 f_0 に共振させ，また C_0 を通して，一次側の共振電圧を二次側のコイルの中点に加えている。したがって，図において，一次側の共振電圧すなわち周波数変調波の入力電圧を V_1，二次側の共振電圧を V_2 とすると，等価回路は図（b）のようになる。

図（b）の回路において，電圧 $\dot{V}_{D1}$，$\dot{V}_{D2}$ は，$\dot{V}_1$ と $\dot{V}_2$ の位相差が，周波数 f_0 のときは $\frac{\pi}{2}$ となり，周波数が f_0 より高いと $\frac{\pi}{2}$ より小さく，周波数が f_0 より低いと $\frac{\pi}{2}$ より大きくなるので，**図9.23** のように周波数で変化をする。

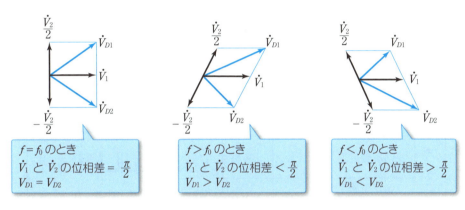

図9.23 ダイオードに加わる電圧

したがって，V_{D1} と V_{D2} を整流した電流が，R_3 にたがいに逆向きに流れるので，出力電圧 V_o は，周波数変調波の周波数 f が $f = f_0$ のとき 0，$f > f_0$ のとき周波数の差 $|f - f_0|$ に比例した大きさで正の電圧，$f < f_0$ のとき，周波数の差 $|f - f_0|$ に比例した大きさで負の電圧が得られる。

この関係を，周波数 f を横軸にとり，出力電圧 v_o を縦軸にとって図で表すと，**図9.24** のようになる。

この図に示したように，正しく復調が行われるのは，周波数 f と出力電圧 v_o が比例する直線の範囲である。周波数 f_0 から大きく外れると，出力電圧は飽和し，さらに外れると減少し始める。このように，この特性図は周波数復調が行われる周波数の範囲を示しており，その形から周波数復調回路の **S字特性** ともいう。

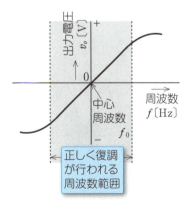

図9.24 S字特性

9章 変調・復調回路

学習のポイント

1 搬送波と音声信号などの信号を混合することを変調，混合した信号からもとの信号を取り出すことを復調という。

2 変調の種類と波形（**表9.1**）

表9.1

変調の種類		波 形
振幅変調	AM	
周波数変調	FM	
位相変調	PM	
パルス変調	パルス振幅変調	PAM
	パルス幅変調	PWM
	パルス位置変調（パルス位相変調）	PPM
	パルス符号変調	PCM

3 振幅変調した波形は，f_c と f_s+f_c（上側波帯という）と f_s-f_c（下側波帯という）の周波数成分の正弦波を合成したものである。

4 振幅変調した度合いを表すのに，変調度 m を用いる。（**表9.2**）

表9.2

変調度	$m = \dfrac{V_{sm}}{V_{cm}} \times 100$〔％〕	$m = \dfrac{A-B}{A+B} \times 100$〔％〕
振幅変調度		

5 周波数変調波の周波数スペクトルは，信号周波数 f_s の間隔で無数に生じる。

6 周波数変調の占有周波数帯幅 $B=2(\Delta f+f_s$ の最高値$)$, $\Delta f=\dfrac{\Delta \omega}{2\pi}$

7 振幅変調回路

（1） コレクタ電流が飽和するように，搬送波 v_c をトランジスタのベースに加える。

（2） 信号波 v_s をトランジスタのコレクタに加える。

（3） 交流負荷線の変化によって，包絡線が信号波の形状のコレクタ電流が流れる。

（4） 出力部の LC 共振回路で正負対称形の振幅変調波が発生する。

8 振幅変調波の包絡線を復調すると，信号波となる。この復調回路を包絡線復調回路という。適切な R と C を用いることによって，出力に信号波を得ることができる。

9 周波数変調回路

搬送波をコルピッツ発振回路で発振させる。その搬送波の発振周波数を可変容量ダイオードに加わる信号波の電圧で変えて，周波数変調する。発振周波数 f は

$$f \fallingdotseq \frac{1}{2\pi\sqrt{L_1 C_0}}$$

10 周波数復調回路として比検波器を使用する。周波数復調回路のＳ字特性の直線部分で正しく周波数復調が行われる。

章末問題

1 振幅変調で信号波の最高周波数 f_{sm} が 45 kHz のときの占有周波数帯幅 B を求めなさい。

2 図 9.25 のような周波数分布の振幅変調波について，つぎの問に答えなさい。

（1）信号波の最高周波数 f_{sm} は何 kHz か求めなさい。

（2）信号波の最低周波数 f_{so} は何 kHz か求めなさい。

（3）占有周波数帯幅 B は何 kHz か求めなさい。

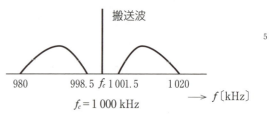

図 9.25

3 図 9.26 の変調波において，搬送波の振幅が 100 mV で，信号波の振幅が 15 mV のときの変調度 m を求めなさい。

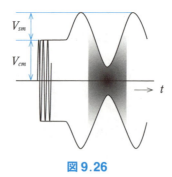

図 9.26

4 周波数変調において，最大周波数偏移 $\Delta f = 50$ kHz，信号波の周波数 f_s の最高値が 15 kHz であるとき，占有周波数帯幅 B 〔Hz〕を求めなさい。

5 図 9.27 のような復調回路が三つある。入力 v_i に振幅変調波を加えたとき，出力 v_o に現れる波形を選びなさい。

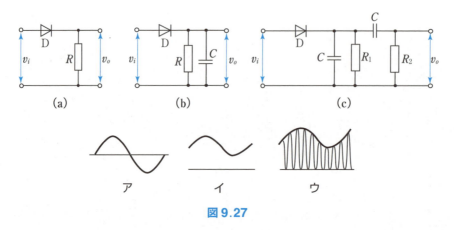

図 9.27

10章

直流電源回路

電子回路を動作させるには直流電源が必要となる。この直流電源は，ダイオード，トランジスタ，抵抗，コンデンサなどの素子を使った整流回路を利用して，交流電源から作られている。本章では，代表的な整流の方式，電源電圧の安定化回路の構成や動作について学ぶ。

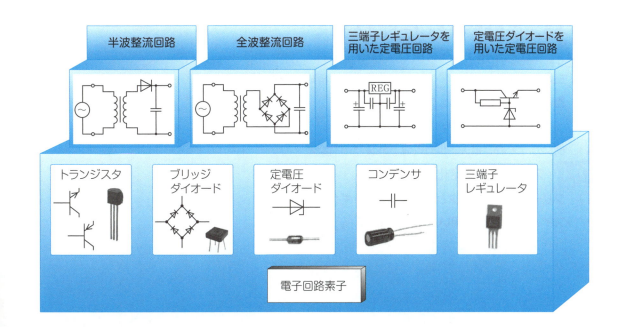

10章 直流電源回路

学習の流れ

10.1 整流回路

（1）半波整流回路

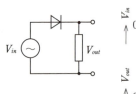
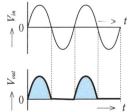

（2）全波整流回路

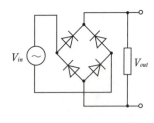
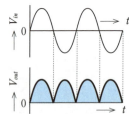

（3）電源回路の特性

① 電圧変動率 ⇨ 負荷電流の変化で出力電圧がどの程度変化するか。

② リプル百分率 ⇨ 出力電圧にどの程度交流成分が含まれているか。

10.2 安定化直流電源回路

（1）定電圧ダイオードによる電圧の安定化

（2）トランジスタと定電圧ダイオードによる安定化

10.3 電圧制御用 IC を利用した回路

（1）三端子レギュレータ ⇨ 定電圧回路を簡単に構成できる電圧制御用 IC。

（2）種　類 … 正電圧用 ⇨ 78 シリーズ

　　　　　　　負電圧用 ⇨ 79 シリーズ

（3）使い方 ⇨ 許容損失，出力電流，外付け部品など

10.4 スイッチ形安定化電源回路

（1）シリーズレギュレータとスイッチングレギュレータの違い

（2）スイッチング IC を用いた昇圧電源回路

10.1 整流回路

整流とは流れを整えることであるが,電子回路では交流を直流に変える意味に用いる。ここでは,代表的な整流回路である半波整流回路と全波整流回路の原理や動作の特徴について学ぶ。

1 いろいろな整流回路

交流から直流を得る回路を**整流回路**[†1]といい,ダイオードを用いた整流回路が図10.1(a)の**半波整流回路**[†2]と図(b)の**全波整流回路**[†3]である。

[†1] rectification circuit
[†2] half-wave rectification circuit
[†3] full-wave rectification circuit

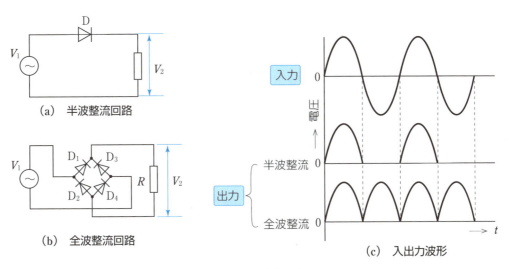

図10.1 整流回路

2 半波整流回路

図10.1のようなダイオードだけの整流回路では,完全に直流に変換されない。そこで,図(a)の回路にコンデンサ C を接続し,より直流に近い出力電圧が得られるようにする。その回路を図10.2に示す。このように整流回路から出力される交流成分を少なくするための回路を**平滑回路**[†4]という。

[†4] smoothing circuit

図10.3(a)の回路において,コンデンサは初め充電されていない状態で,スイッチSを入れて v_{ab} を加えると,交流電圧 v_{cd} は,図(b)に

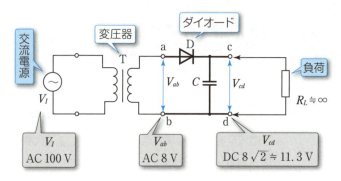

図 10.2 半波整流回路

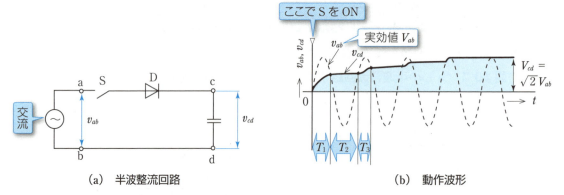

(a) 半波整流回路　　　　　　　　(b) 動作波形

図 10.3 半波整流回路の動作

示すようにつぎのような変化をする。

1 $v_{ab}>0$ のときに，ダイオード D を通して流れる電流のためにコンデンサ C が充電され，v_{cd} は上昇する（T_1 の区間）。

2 その充電は持続せずに，$v_{cd}>v_{ab}$ となる T_2 の区間では，D に逆電圧が加わるため，v_{cd} は一定を保つ。

3 再び $v_{ab}>v_{cd}$ となる T_3 の区間では，D を通して電流が流れるので，v_{cd} は上昇する。

4 以上のような動作を繰り返すために，v_{cd} は最終的には v_{ab} の最大値，すなわち v_{ab} の実効値を V_{ab} とすれば，$\sqrt{2}\,V_{ab}$ の直流電圧となる。

3 全波整流回路

†1 bridge-type full-wave rectification circuit

ブリッジ回路を用いた全波整流回路を**ブリッジ全波整流回路**[†1] という。半波整流回路よりも直流に近くなる。出力電圧を滑らかな直流にするために，図 10.1 (b) の回路にコンデンサ C を接続した平滑回路を図 10.4

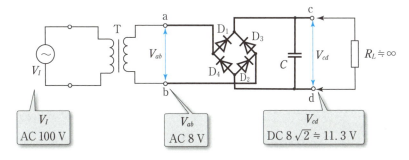

図 10.4　全波整流回路

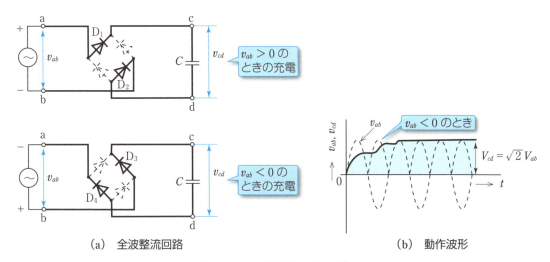

図 10.5　全波整流回路の動作

に示す。

　ブリッジ全波整流回路の場合には，図 10.5（a）に示すように，$v_{ab} > 0$ のときにはダイオード D_1，D_2 を通じて，また $v_{ab} < 0$ のときには D_3，D_4 を通じて，コンデンサ C を充電することができるので，半波整流回路のときよりも速く充電される。

　ブリッジ全波整流回路では，ブリッジダイオードを利用することにより，整流回路を小形化することができ，全波整流回路において使用することが多い。図 10.6 にブリッジダイオードの例を示す。

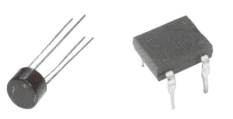

図 10.6　ブリッジダイオード

4　電源回路の特性

　直流電源回路の性能を示すものとして，電圧変動率とリプル百分率があ

る。出力側の電流の変化によって生じる出力電圧の変動がより少ないもの，出力側に含まれる交流成分がより少ないものがよりよい直流電源とされる。

1 電圧変動率

負荷に大きな電流を流すと，図 10.7 のように電流の値により出力電圧が減ってしまう。このような出力電圧の変動を電圧変動という。電圧変動の程度は，**電圧変動率**[†1] δ で表される。

電圧変動率 δ は，無負荷時の出力電圧を V_0，負荷接続時の出力電圧を V_L としたとき

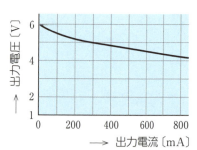

図 10.7 電圧変動

†1 voltage regulation

$$（電圧変動率）\quad \delta = \frac{V_0 - V_L}{V_L} \times 100 \quad [\%] \tag{10.1}$$

で求められる。

問 1 図 10.7 において，600 mA のときの電圧変動率 δ [％] を求めなさい。

2 リプル百分率

交流を整流して直流を作り出している電源では，出力側に交流成分が残る。この交流成分を**リプル**[†2] といい，含まれる交流成分の割合を示したものを**リプル百分率**[†3] という。

†2 ripple
†3 ripple percentage

図 10.8 のような波形の交流分のピークからピークまでの電圧を ΔV_{pp}，直流出力電圧を V としたとき，リプル百分率 γ は

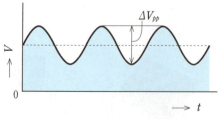

図 10.8 直流電源波形

$$（リプル百分率）\quad \gamma = \frac{\Delta V_{pp}}{V} \times 100 \quad [\%] \tag{10.2}$$

で表される。平滑回路のない半波整流回路のリプル百分率は 121 %，全波整流回路のリプル百分率は 48 % になる。

問 2 問 1 のときのリプル百分率 γ [％] を求めなさい。ただし，$\Delta V_{pp} = 0.12$ V とする。

10.2 安定化直流電源回路

電源として望ましいのは，負荷が変わっても電圧が一定であることであり，その工夫がされた電源を安定化電源という。ここでは，定電圧ダイオードを利用した電源や，スイッチングを利用した電源など，代表的な安定化の方法を学ぶ。

1 定電圧ダイオードによる電圧の安定化

直流電源としては，負荷電流の変化に対して電圧が一定で，交流成分が含まれていないことが望ましい。しかし，一般に図10.9（a），（b）のような電源では，負荷電流 I_L が増えると，図（c）の出力特性のように出力電圧 V_{cd} が下降し，出力波形は図（d）のように，出力に含まれている交流分（リプル）が増加して，直流電源としては安定性に欠ける。

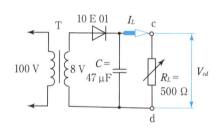

(a) 半波整流回路

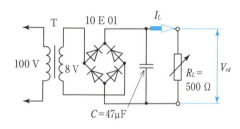

(b) 全波整流回路

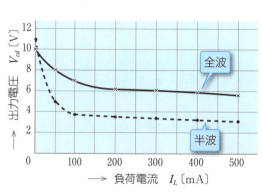

(c) 出力特性

(d) V_{cd} の出力波形

I_L の増加に伴ってリプルも変化する

図 10.9 全波整流回路の動作

交流分を少なくするためには，回路のコンデンサの静電容量 C を大きくすることが最も簡単な方法であるが，さらに出力電圧をなるべく一定に保つには，つぎのような安定化電源にする必要がある。

図 10.10（a）の回路は，前に示した半波整流回路に，定電圧ダイオード D_2 と抵抗 R_D を付加した回路である。この回路では，出力電圧は 5 V であるが，図（b）に示すように，負荷電流 I_L がある範囲以内（図では 100 mA 以内）であれば，ほぼ一定に保たれる。

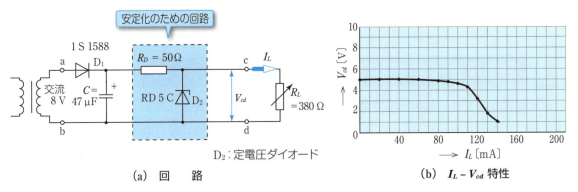

図 10.10　定電圧ダイオードによる安定化回路

つぎに，図 10.10 の回路の動作を調べてみよう。

定電圧ダイオード[†1]は，ダイオードに電流が流れていれば，その端子電圧はほぼ一定に保たれる性質がある。したがって，図 10.11 のような回路で，つねに定電圧ダイオードに電流が流れるようにすれば，負荷に加わる電圧すなわち出力電圧は一定となる。

†1　p.14 を参照。

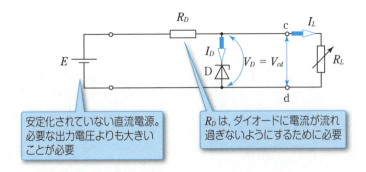

図 10.11　定電圧ダイオードによる安定化

いま，図 10.11 の回路で，$E = 12$ V，D として図 10.12 の特性の定電圧ダイオードを用い，負荷電流 I_L を 0 mA から 100 mA まで変えても安定化した電圧を得るには，R_D をいくらにし，また定電圧ダイオードで最大いくらの消費電力があるかを調べてみよう。

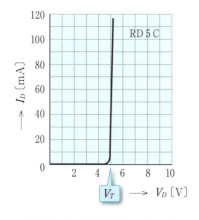

図 10.12 定電圧ダイオード V_D-I_D 特性

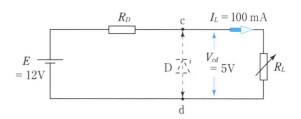

図 10.13 定電圧ダイオードをはずしたときの電圧と電流

まず，図 10.13 の回路で，定電圧ダイオードを接続しないで $I_L = 100$ mA のときに，V_{cd} がツェナー電圧 $V_T = 5$ V 以上であれば，c-d 間に定電圧ダイオードをつないだときには，必ずダイオードに電流が流れる。したがって，R_D の両端電圧は，$I_L = 100$ mA のときに，$E - V_T = 7$ V 以下であればよい。

したがって

$$R_D < \frac{7}{0.1} = 70 \ \Omega$$

となるからつぎのようにする。

$$R_D = 50 \ \Omega$$

$R_D = 50 \ \Omega$ として定電圧ダイオード D を接続すれば，D に流れる最大電流 I_{Dm} は，$I_L = 0$ のときに

$$I_{Dm} = \frac{E - 5}{R_D} = \frac{7}{50} \fallingdotseq 0.14 \ \text{A}$$

となる。

したがって，ダイオードでの最大消費電力 P_{Dm} は

$$P_{Dm} = V_T I_{Dm} = 5 \times 0.14 = 0.7 \ \text{W}$$

となる。

2 トランジスタと定電圧ダイオードによる回路

定電圧ダイオードを用いた定電圧回路は，簡単ではあるが，負荷電流が大きく変動する場合には，定電圧ダイオードに大きな電流を流す必要があるので，大きな電力に耐えられる定電圧ダイオードを必要とする。

そこで，トランジスタの増幅作用を利用して図10.14のような回路構成にすれば，小さな定格電力の定電圧ダイオードで，大きな負荷電流まで利用できる定電圧回路を作ることができる。

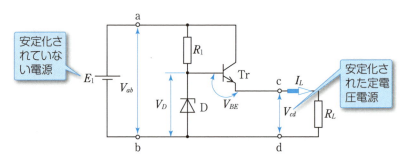

図10.14　トランジスタを用いた定電圧回路

回路の動作

出力電圧 V_{cd} は

$$V_{cd} = V_D - V_{BE}$$

であり，V_D，V_{BE} はそれぞれダイオード，トランジスタに流れる電流にかかわらずほぼ一定であるから，定電圧が得られる。無負荷時にダイオードに流しておく電流は，負荷電流 I_L の最大値を I_{Lm} とすれば，$\dfrac{I_{Lm}}{h_{FE}}$ 以上であればよいので，小さな定格の定電圧ダイオードでよいことになる。

10.3 電圧制御用ICを利用した回路

電源として利用するためには，安定化された電源電圧を供給する必要がある。ここでは，回路が簡単で，信頼性が高く，ノイズなどがほとんどない電圧制御用ICを用いた回路の原理と動作について学ぶ。

1 三端子レギュレータ

定電圧回路を簡単に構成できる電圧制御用ICとして，図10.15に示す**三端子レギュレータ**[†1]が電源回路に使用される。三端子レギュレータは余分なエネルギーを熱に変換するため効率が悪いが，簡単に定電圧回路を作れるため，よく使用されている。

三端子レギュレータは図10.16に示すように，入力端子（IN），出力端子（OUT），グランド（GND）または共通端子（COM）の3端子から構成され，出力電圧固定形と出力電圧可変形がある。

三端子レギュレータには，正電圧用の78シリーズと負電圧用の79シリーズなどがある。型番末尾の数字2桁が出力電圧を表しており，図記号の表記の仕方は図10.17のようになっている。

[†1] 3-terminal regulator

図10.15 三端子レギュレータ

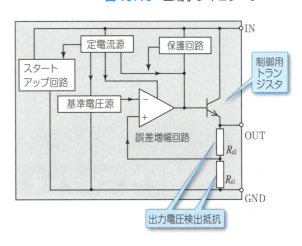

図10.16 三端子レギュレータのブロック図

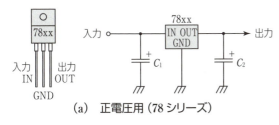
(a) 正電圧用（78シリーズ）

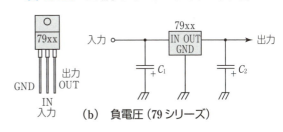
(b) 負電圧（79シリーズ）

図10.17 三端子レギュレータの表記

2 三端子レギュレータから取り出せる電流

三端子レギュレータでは,入力される電圧と出力すべき電圧の差が,三端子レギュレータ内で熱として消費されることで,電圧の安定化を行っている。

(入力電圧 V_{in} − 出力電圧 V_{out})×(電流 I)がそのまま素子からの発熱となるため,大電流,または入出力電圧の差が大きい用途では,放熱器を取り付ける必要がある。損失が大きくなればなるほど,大きな放熱器を必要とする。

放熱器を使用しない場合の許容損失 P は,発熱温度を T_1,周囲温度を T_2,放熱器なしの熱抵抗[†1]を θ とすると

$$P = \frac{T_1 - T_2}{\theta} \tag{10.3}$$

で表される。そこで,取り出せる電流 I はつぎのように表される。

$$I \leq \frac{P}{V_{in} - V_{out}} \tag{10.4}$$

放熱器を付けた場合の許容損失 P_D は,IC 内部とパッケージまでの熱抵抗を θ_{jc},パッケージと放熱器間の熱抵抗を θ_{cs},放熱器の熱抵抗を θ_{sa} とすると

$$P_D = \frac{T_1 - T_2}{\theta_{jc} + \theta_{cs} + \theta_{sa}} \tag{10.5}$$

となり,取り出せる電流 I はつぎのように表される。

$$I \leq \frac{P_D}{V_{in} - V_{out}} \tag{10.6}$$

3 三端子レギュレータの使い方

図 10.18 は,三端子レギュレータを使用した定電圧回路である。使用

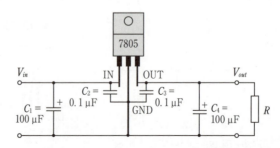

図 10.18 三端子レギュレータの使い方

[†1] 1秒あたり1Jの熱量を与えたときに何℃温度上昇するかを表す値。1J/s=1W であるので,単位は ℃/W である。

する際は，三端子レギュレータの入力と出力のすぐ近くに 0.1 μF 程度のコンデンサ C_2 と C_3 を接続する必要がある．これは発振防止用のコンデンサである．また，C_1 は電源の変動，C_4 は負荷の変動による影響を減らすためのものである．

4 三端子レギュレータを使用した定電圧回路

つぎに，図 10.19（a）に三端子レギュレータを使用した直流電源の回路製作例を示す．この回路は，100 V の交流を変圧器 T で 6 V に変換し，ブリッジダイオード BD で全波整流を行い，三端子レギュレータで

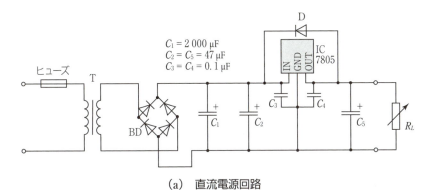

(a) 直流電源回路

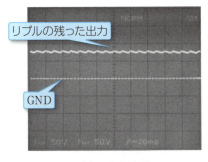

(b) 直流電源回路の製作例

(c) 入力波形   (d) 出力波形

図 10.19 三端子レギュレータ

+5Vを出力する回路である。

図10.19（c）のようなリプルのある波形を三端子レギュレータに入力すると，図（d）のように+5Vの直流波形を出力する。+5Vより上のエネルギーが放熱板より熱エネルギーとして放出され損失となるが，安定した電圧を得ることができる。

図10.19（a）の出力側から入力側へつながっているダイオードDは，電源を切った際，出力側に残った電気を逃がすためのものである。入力端子側よりも出力端子側の電圧が高くなると，三端子レギュレータが壊れることがあり，それを避けるために接続されている。

10.4 スイッチ形安定化電源回路

多くの電子機器の電源に使用されているスイッチング電源は，負荷に流れる電流をオン・オフすることによって，出力電圧を得ている。ここでは，小形・軽量化という利点を持ち，充電器などに用いられているスイッチ形安定化電源回路について学ぶ。

1 シリーズレギュレータとスイッチングレギュレータ

直流電源を得るためには整流回路と平滑回路を用いるが，これだけでは交流入力電圧や負荷電流の変動，あるいは温度変化によって出力電圧の変動が起こってしまう。そこで，直流電源として使用されているのが，10.3節で学んだ三端子レギュレータなどの**シリーズレギュレータ**[†1]と，この節で学ぶ**スイッチングレギュレータ**[†2]の方式である。

†1 series regulator
†2 switching regulator

図10.20（a）にシリーズレギュレータの様子，図（b）にスイッチングレギュレータの様子を示す。

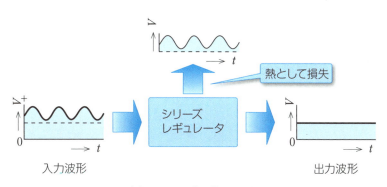

（a）シリーズレギュレータ

（b）スイッチングレギュレータ

図10.20　シリーズレギュレータとスイッチングレギュレータの方式

また，表10.1にシリーズレギュレータとスイッチングレギュレータの比較を示す。

表10.1 シリーズレギュレータとスイッチングレギュレータの比較

	シリーズレギュレータ	スイッチングレギュレータ
使用部品点数	少ない	多い
ノイズ	ほとんどない	多い
変換効率	悪い（30～60%）	よい（70～95%）
電圧変換動作	降圧だけ	降圧，昇圧，昇降圧，極性反転
出力電力	10 W程度まで	1 kW以上もある
動作	負荷に直列に接続したトランジスタ[†1]で電圧を降下させ，出力電圧を制御する	トランジスタ[†1]のスイッチング作用を利用し，出力電圧を制御する

[†1] 三端子レギュレータやスイッチングICにはトランジスタが内蔵されている。

例題

スイッチングレギュレータで直流電圧を作るとき，出力電圧は入力電圧の平均値となる。図10.21の方形パルスの平均電圧 V_{av} を求めなさい。

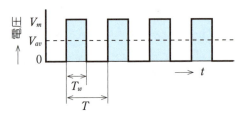

図10.21 方形パルス

解答 パルスの周期を T，パルス幅を T_w としたとき，パルスの周期 T に対するパルス幅 T_w の割合 d[†2] は

$$d = \frac{T_w}{T}$$

で表され，方形パルスの最大電圧を V_m とすれば，パルスの平均電圧 V_{av} は

$$V_{av} = V_m d$$

となる。

[†2] デューティ比（duty factor）または衝撃係数という。

問 3 図10.21の方形パルスからスイッチングレギュレータで直流電圧を作りたい。パルスの周期 $T=20$ ms，パルス幅 $T_w=5$ ms，最大電圧 $V_m=6$ V であるときのデューティ比 d とパルスの平均電圧 V_{av} 〔V〕を求めなさい。

2 スイッチング IC を用いた昇圧電源回路

1 昇圧回路

5 V の電源から 12 V の電圧を取り出すような回路を昇圧回路という。昇圧の原理はつぎのようになる。

1 図 10.22（a）のように，入力に 5 V の電圧を加え，S_2 を ON にすると，コンデンサ C が充電され，電圧は 5 V になる。

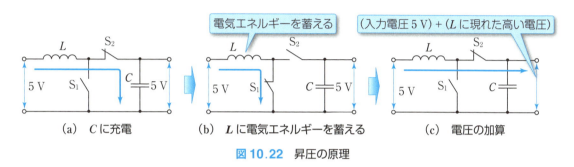

図 10.22　昇圧の原理

2 S_2 を OFF にし，S_1 を ON にすると，図（b）のようにコイル L に電流が流れ，電気エネルギーが蓄えられる。

3 S_1 を OFF にすることで，L は蓄えた電気エネルギーを一気に放出しようとするが，電流を流す経路がないため，高い電圧となって現れる。この高い電圧は，図（c）のように S_2 を再び ON にすると，入力電圧の 5 V に加算されて出力される。これを，1 秒間に数 10 万回繰り返すことで，安定した出力を得る回路を昇圧回路という。

†1 ショットキーバリアダイオード（Schottky barrier diode）。金属と半導体の接合面で起こる現象を利用したダイオード。pn 接合ダイオードに比べ順方向の電圧降下が小さい。

2 昇圧電源回路

図 10.23 はスイッチング IC を用いた昇圧電源回路である。この回路は，乾電池 2 〜 4 本（3 〜 6 V 程度）で多数の LED を点灯させる場合な

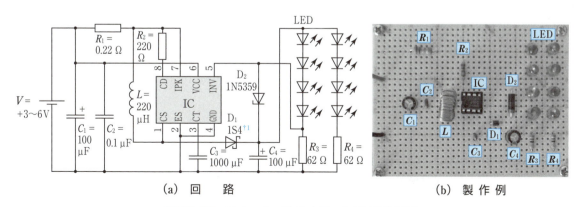

(a) 回　路　　　　　　　　　　　(b) 製作例

図 10.23　スイッチング IC を用いた昇圧電源回路

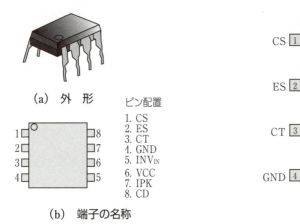

(a) 外形

ピン配置
1. CS
2. ES
3. CT
4. GND
5. INV_IN
6. VCC
7. IPK
8. CD

(b) 端子の名称

(c) ブロック図

図 10.24　スイッチング IC の形状

どに用いられる。この IC の外形，端子の名称，ブロック図を図 10.24 に示す。

†1 p.20 を参照。

IC の出力部分（CS-ES 間）はダーリントン接続[†1]されたパワートランジスタで構成されており，コレクタとエミッタ間（CS-ES 間）をスイッチングさせることで昇圧を行っている。電源電圧 2.5 〜 40 V で動作し，1.25 〜 40 V の出力をする。スイッチングの発振周波数 f_{osc} は 100 Hz 〜 100 kHz である。外付け部品として，スイッチング時に電気エネルギーを蓄える働きを持つコイル（220 μH）を接続する。

なお，このスイッチング IC は，INV 端子（5 番ピン）の電圧が基準電圧 V_{ref} = 1.25 V となるように制御する。したがって，図 10.23（a）において INV 端子と接続されている R_3 には 1.25 V の電圧がかかるため，出力電流として

$$I = \frac{V_{ref}}{R_3} = \frac{1.25}{62} = 20.2 \text{ mA}$$

の定電流が流れる。ここでは，この 20.2 mA の電流が LED に流れることになるので，I_f = 20 mA，V_f = 2.0 V の LED を点灯するのに十分な電流を流すことができる。この回路では，LED を四つ点灯させるので，出力電圧 V_o を求めると，つぎのようになる。

$$V_o = 2.0 \times 4 = 8.0 \text{ V}$$

昇圧され，平滑された出力波形を図 10.25 に示す。

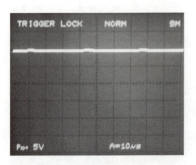

図 10.25　出力波形

問 4　図 10.23（a）の回路の負荷に流す電流を I = 1.25 mA としたい。このとき R_4 の抵抗をいくらにすればよいか求めなさい。

問 5　図10.23（a）の回路に $I_f=20\,\mathrm{mA}$，$V_f=2.0\,\mathrm{V}$ の LED を最大何個まで接続することができるか求めなさい。

学習のポイント

1　交流から直流を得る回路を整流回路といい，半波整流回路と全波整流回路がある。

2　半波整流回路，全波整流回路とその波形（図10.26）

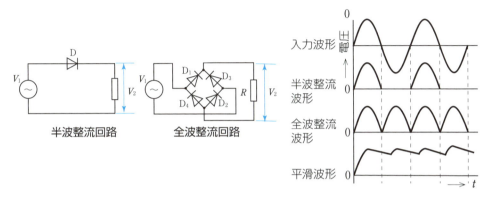

図10.26　整流回路

3　負荷電流が増えると，出力電圧が減ってしまう。この出力電圧の変動を電圧変動率といい，$\delta=\dfrac{V_0-V_L}{V_L}\times100\%$ で表される。

4　出力側に現れる交流成分をリプルという。含まれる交流成分の割合を示したものをリプル百分率といい，$\gamma=\dfrac{\Delta V_{pp}}{V}\times100\%$ で表される。

5　定電圧ダイオードを使用することで，出力波形の交流分（リプル）を軽減し，出力電圧を安定化できる。

6　直流電源としてシリーズレギュレータとスイッチングレギュレータがある（表10.2）。

表10.2

	シリーズレギュレータ	スイッチングレギュレータ
特徴	（入力電圧－出力電圧）×（電流）を熱として消費する。降圧だけ可能	トランジスタのスイッチング作用を利用し動作する。降圧，昇圧が可能
長所	安定度がよい。応答速度が速い。リプル電圧が低い	熱損失する電力が少ない。電源装置の小形・軽量化ができる
短所	熱として放出される電力損失が大きい。効率が悪い	ノイズを発生しやすい

章 末 問 題

1. 図 **10.27**（a），（b）の回路で，電源電圧の実効値 V_1 を 15 V としたとき，無負荷時の a-b 間の電圧 V_{ab}〔V〕を求めなさい。

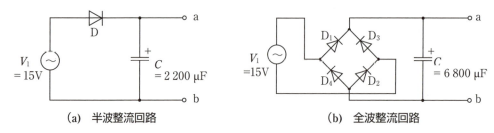

(a) 半波整流回路　　　　　(b) 全波整流回路

図 **10.27**　整流回路

2. 図 **10.14** の回路で，$V_D = 6.8$ V の定電圧ダイオードを接続したとき，c-d 間で測定される電圧 V_{cd}〔V〕を求めなさい。ただし，$V_{BE} = 0.7$ V とする。

3. 図 **10.18** の回路で，$V_{in} = 12$ V，$V_{out} = 10$ V としたとき $I_o = 120$ mA の電流が流れた。このときの熱損失 P_D〔W〕を求めなさい。

4. 図 **10.18** の回路で使用されているコンデンサ C_1，C_2，C_3，C_4 の使用目的を調べなさい。

5. 図 **10.28** のパルスをスイッチングしたとき，パルスの平均出力電圧 V_{av}〔V〕を求めなさい。

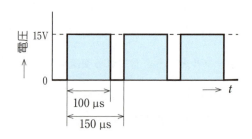

図 **10.28**

6. 図 **10.29** において，$V = 12$ V，$\Delta V_{pp} = 0.3$ V のときの電源のリプル百分率 γ〔%〕を求めなさい。

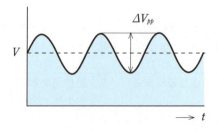

図 **10.29**

7. シリーズレギュレータ方式電源とスイッチングレギュレータ方式電源の違いを挙げなさい。

付　録

1 抵抗器の表示記号

JIS C 60062：2019

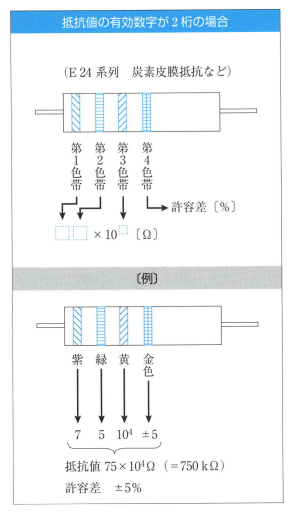

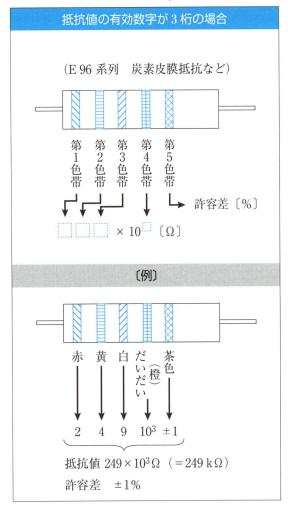

色に対応する数値														
色	なし	桃色	銀色	金色	黒	茶色	赤	だいだい（橙）	黄	緑	青	紫	灰色	白
有効数字	—	—	—	—	0	1	2	3	4	5	6	7	8	9
10のべき数	—	10^{-3}	10^{-2}	10^{-1}	1	10	10^2	10^3	10^4	10^5	10^6	10^7	10^8	10^9
許容差〔%〕	±20	—	±10	±5	—	±1	±2	±0.05	±0.02	±0.5	±0.25	±0.1	±0.01	—

2 抵抗器の標準数列

JIS C 60063：2018

E 24 系列											
10	11	12	13	15	16	18	20	22	24	27	30
33	36	39	43	47	51	56	62	68	75	82	91

E 96 系列											
100	102	105	107	110	113	115	118	121	124	127	130
133	137	140	143	147	150	154	158	162	165	169	174
178	182	187	191	196	200	205	210	215	221	226	232
237	243	249	255	261	267	274	280	287	294	301	309
316	324	332	340	348	357	365	374	383	392	402	412
422	432	442	453	464	475	487	499	511	523	536	549
562	576	590	604	619	634	649	665	681	698	715	732
750	768	787	806	825	845	866	887	909	931	953	976

3 半導体デバイスの命名法

EIAJ ED-4001A：2005

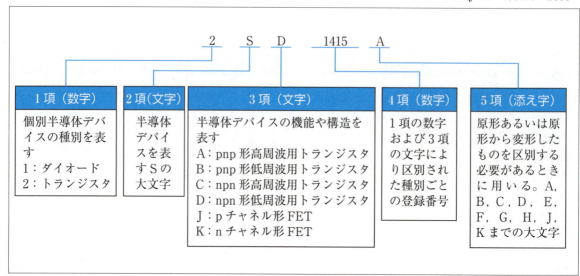

4 ダイオードの規格表

形 名	最大定格				順方向特性	測定条件	逆方向特性	測定条件	分 類
	V_{RRM}〔V〕	V_R〔V〕	I_O〔A〕	P〔mW〕	$V_{F\max}$〔V〕	I_F〔mA〕	$I_{R\max}$〔μA〕	V_R〔V〕	
1 S 1588	35	30	0.12	300	1.3	100	0.5	30	小信号用シリコン
1 S 2076 A	35	30	0.15	250	0.8	10	0.1	30	
10 E 1	100		1		0.9	1 A	50	100	一般整流用
S 19 C	200		10		1.3	30 A	4 mA	200	

形 名	最大定格 P〔mW〕	ツェナー電圧 V_Z〔V〕		測定条件 I_Z〔mA〕	逆方向特性 $I_{R\max}$〔μA〕	測定条件 V_R〔V〕	動作抵抗 $r_{d\max}$〔Ω〕	測定条件 I_Z〔mA〕
		最小	最大					
HZ 3 C 2	500	3.2	3.4	5	5	0.5	100	5
HZ 5 C 2	500	5.0	5.2	5	5	1.5	100	5
HZ 12 A 2	500	11.9	12.4	5	1	9.5	35	5

5 FETの規格表

■ 2 SK 30 ATM ■

最大定格		
ゲート-ドレーン間電圧	V_{GDS}	-50 V
ゲート電流	I_G	10 mA
許容損失	P_D	100 mW

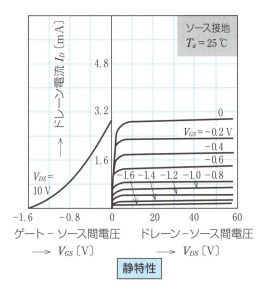

静特性

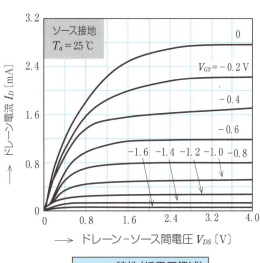

V_{DS}-I_D 特性(低電圧領域)

6 トランジスタの規格表

形　名	最大定格（25℃）			電気的特性（25℃）					コンプリメンタリ	使用する章
	V_{CEO}〔V〕	I_C〔A〕	P_C〔W〕	I_{CBO}〔μA〕(最大)	h_{FE} 最小	h_{FE} 最大	f_T〔MHz〕(標準)	C_{ob}〔pF〕(標準)		
2 SA 950	−30	−0.8	0.6	−0.1	100	320	120	19	2 SC 2120	5章など
2 SA 1015	−50	−0.15	0.4	−0.1	70	400	80[†1]	4	2 SC 1815	5章
2 SA 1408	−150	−1.5	1.5	−1.0	60	200	50	35[†2]	2 SC 3621	6章
2 SC 1815	50	0.15	0.4	0.1	70	700	80[†1]	2	2 SA 1015	2章など
2 SC 2120	30	0.8	0.6	0.1	100	320	120	13	2 SA 950	5章
2 SC 2240	120	0.1	0.3	0.1	200	700	100	3		3章
2 SC 3421	120	1	1.5	0.1	80	240	120	15		5章
2 SC 3621	150	1.5	1.5	1.0	100	320	100	13	2 SA 1408	6章

[†1] 最小値　[†2] 最大値

7 トランジスタの特性

2 SC 1815

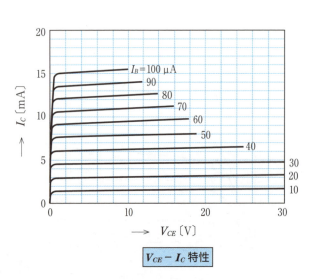

$V_{CE} - I_C$ 特性

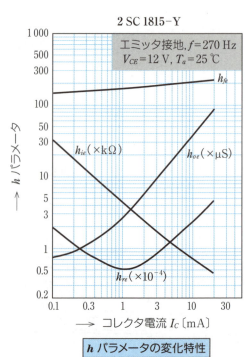

h パラメータの変化特性

2 SC 2240

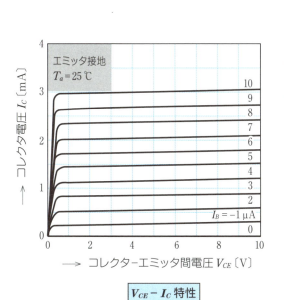

$V_{CE}-I_C$ 特性

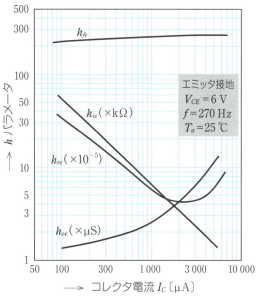

h パラメータの変化特性

2 SA 950

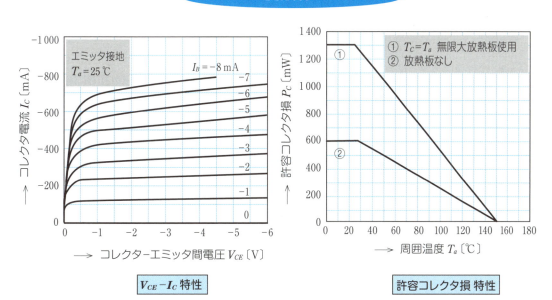

$V_{CE}-I_C$ 特性　　　　許容コレクタ損 特性

8 汎用ロジックICのおもな規格

電気的特性

項　目	TTL ローパワーショットキー 74 LS シリーズ	C-MOS スタンダード 4000/4500 シリーズ	C-MOS ハイスピード 74 HC シリーズ	測定条件
電源電圧範囲 V_{CC}〔V〕	4.75〜5.25	3〜18	2〜6	
動作温度範囲 T_a〔℃〕	0〜70	−40〜85	−40〜85	
伝搬遅延時間 t_p〔ns〕	9（標準）	65（標準）	6（標準）	$V_{CC}=5.0$ V $T_a=25$ ℃ 出力端子静電容量 $C_L=15$ pF
静的消費電力 （GATE）W	8 mW（標準）	0.01 μW（標準）	0.01 μW（標準）	全温度・電圧範囲
H レベル入力電圧 V_{IH}〔V〕	2.0（最小）	3.5（最小）	3.5（最小）	$V_{CC}=5.0$ V 全温度範囲
L レベル入力電圧 V_{IL}〔V〕	0.8（最大）	1.5（最大）	1.5（最大）	
H レベル出力電流 I_{OH}〔mA〕	0.4（最小）[†1]	0.42（最小）[†2]	4（最小）[†3]	[†1] $V_{CC}=4.75$ V [†2] $V_{CC}=5$ V [†3] $V_{CC}=4.5$ V 全温度範囲
L レベル出力電流 I_{OL}〔mA〕	4（最小）[†1]	0.42（最小）[†2]	4（最小）[†3]	

おもなゲートIC一覧

回路名	TTL ローパワーショットキー 74 LS シリーズ	C-MOS スタンダード 4000/4500 シリーズ	C-MOS ハイスピード 74 HC シリーズ
NAND	74 LS 00	4011 B/UB	74 HC 00
NOR	74 LS 02	4001 B/UB	74 HC 02
AND	74 LS 08	4081 B	74 HC 08
OR	74 LS 32	4071 B	74 HC 32
NOT	74 LS 04	4069 UB	74 HC 04
NOT（シュミット）	74 LS 14	4584 B	74 HC 14

問題の解答

1章　電子回路素子

1.2節

問6
(1) $I_D = 50$ mA, $V = 5$ V
(2) $I_D = 42$ mA, $V = 4.2$ V
(3) $I_D = 41.9$ mA, $V = 4.19$ V

1.3節

問7 $I_E = I_B + I_C = 3.02$ mA, $h_{FE} = \dfrac{I_C}{I_B} = 150$

問9 $R_1 = h_{FE} \dfrac{E_1 - V_{BE}}{I_C} = 73.3$ kΩ

問10 $I_B = \dfrac{E_1 - V_{BE}}{R_1} = 16.0$ μA, $I_C = \dfrac{E_2 - V_{CE}}{R_2} = 3$ mA
から
$h_{FE} = \dfrac{I_C}{I_B} = 188$

1.4節

問11 $V_P = -2.25$ V

問12 $V_{DS} = 4.4$ V, $I_D = 0.85$ mA

問13 $g_m = 1.25$ mS

1.5節

問18 $\dfrac{I_{OL}}{I_{IL}} = 10$ 個

章末問題

1 (1) ダイオード B　(2) ダイオード A

2 $V_D = 0.6$ V, $I_D = 47$ mA, $P = 28.2$ mW

3 $R = \dfrac{E - V_D}{I_D} = 160$ Ω

5
(1) $I_B = 20$ μA, $I_C = 4$ mA
(2) $I_B = 10$ μA, $V_{BE} = 0.57$ V
(3) $V_{BE} = 0.62$ V, $I_C = 6.1$ mA

6 $I_C = \dfrac{P_{Cm}}{V_{CE}} = 50$ mA

7 $I_C = \dfrac{E_2 - V_{CE}}{R_2} = 2.5$ mA, $I_B = \dfrac{I_C}{h_{FE}} = 12.5$ μA,
$V_{BE} = E_1 - R_1 I_B = 0.75$ V, $P_C = V_{CE} I_C = 12.5$ mW

8 $V_{DS} = 4.0$ V, $I_D = 1.25$ mA, $P_D = 5$ mW

2章　増幅回路の基礎

2.1節

問3 $h_{FE} = \dfrac{I_C}{I_B} = 196$

2.2節

問4 $I_B = 6$ μA, $V_{BE} = 0.56$ V,
$R_1 = \dfrac{E - V_{BE}}{I_B} = 1\,240$ kΩ, $V_{CE} = E - R_2 I_C = 4.8$ V

問5 $I_B = \dfrac{E - V_{BE}}{R_1} = 20.8$ μA, $I_C = h_{FE} I_B = 3.74$ mA,
$V_{CE} = E - R_2 I_C = 4.52$ V

問6 $I_B = 15$ μA, $I_C = 2.5$ mA, $V_{CE} = E - R_2 I_C = 3$ V
から
$A_V = \dfrac{v_o}{v_i} = 66.7$ 倍

問7 $A_V = \dfrac{v_o}{v_i} = \dfrac{v_{ce}}{v_{be}} = 60$

問8
(1) 0 dB
(2) 6.02 dB
(3) 12.0 dB
(4) 20 dB
(5) 26.0 dB
(6) 32.0 dB
(7) 40 dB

問9
(1) 7.94 倍
(2) 15.8 倍
(3) 20.0 倍
(4) 50.1 倍
(5) 398 倍

問10 $G = 20 \log_{10} A = 72.04$ dB,
$G_1 = 20 \log_{10} A_1 = 33.98$ dB,
$n = \dfrac{G}{G_1} = 2.12$　∴　3 段

2.3節

問11 $I_b = \dfrac{V_{be}}{h_{ie}} = 0.1$ mA, $I_c = h_{FE} I_b = 12$ mA

問12 $A_V = \dfrac{V_o}{V_i} = \dfrac{R_L{}'}{h_{ie}} h_{fe} = 68$, $A_I = h_{fe} = 170$,
$A_P = A_V A_I = 11\,560$

問13 $Z_i = h_{ie}$ から　$Z_{i0} = \dfrac{Z_i R_1}{Z_i + R_1} = \dfrac{h_{ie} R_1}{h_{ie} + R_1} = 1.48$ kΩ
$Z_{o0} = R_2 = 1$ kΩ

267

問題の解答

問14 $Z_i = h_{ie} = 2.5 \text{ k}\Omega$, $Z_o = \infty$,
$Z_{i0} = \dfrac{Z_i R_1}{Z_i + R_1} = \dfrac{h_{ie} R_1}{h_{ie} + R_1} = 2.49 \text{ k}\Omega$,
$Z_{o0} = R_2 = 2 \text{ k}\Omega$

2.4節

問15 $V_{CE} = E - R_2 I_C = 4.5 \text{ V}$, $I_B = \dfrac{I_C}{h_{FE}}$ から
$R_1 = \dfrac{V_{CE} - V_{BE}}{I_B} = 1\,400 \text{ k}\Omega$

問16 $I_B = \dfrac{E - V_{BE}}{R_1 + R_E h_{FE}} = 33.9 \text{ μA}$,
$I_C = h_{FE} I_B = 6.11 \text{ mA}$,
$V_{CE} = E - R_2 I_C - R_E I_C = 4.67 \text{ V}$

問17 $V_{R2} = \dfrac{R_2}{R_1 + R_2} E = 1.655 \text{ V}$ から
$I_C = \dfrac{V_{R2} - V_{BE}}{R_E} = 0.528 \text{ mA}$,
$I_B = \dfrac{I_C}{h_{FE}} = 2.93 \text{ μA}$

2.5節

問18 $B = f_H - f_L = 199\,900 \text{ Hz}$

問19 $f_{L1} = \dfrac{1}{2\pi C_1 h_{ie}} = 21.4 \text{ Hz}$

問20 $f_{L2} = \dfrac{1}{2\pi C_2 (R_2 + R_L)} = 3.12 \text{ Hz}$

問21 $f_{L1} = \dfrac{1}{2\pi C_1 h_{ie}} = 107 \text{ Hz}$
$f_{L2} = \dfrac{1}{2\pi C_2 (R_2 + R_L)} = 6.24 \text{ Hz}$

問22 $C_E = \dfrac{h_{fe}}{2\pi f_{ce} h_{ie}} = 60.8 \text{ μF}$

問23 $f = \dfrac{f_T}{h_{fe}/\sqrt{2}} = 1.39 \text{ MHz}$

問25 $V_i = 18.8 \text{ mV}$, 増幅度 $A_V = \dfrac{V_o}{V_i} = 113$

章末問題

2 (1) $I_B = 40 \text{ μA}$, $I_C = -\dfrac{1}{R_2} V_{CE} + \dfrac{E}{R_2}$ から
$V_{CE} = 4 \text{ V}$, $I_C = 8 \text{ mA}$
(3) $A_V = \dfrac{V_o}{V_i} = 200$

4 $h_{ie} = \dfrac{\Delta V_{BE}}{\Delta I_B} = 500 \text{ Ω}$, $h_{fe} = \dfrac{\Delta I_C}{\Delta I_B} = 200$,
$R_L' = \dfrac{R_2 R_L}{R_2 + R_L} = 495 \text{ Ω}$ から
$A_V = \dfrac{V_o}{V_i} = \dfrac{R_L'}{h_{ie}} h_{fe} = 198$

5 $h_{fe} = 170$, $h_{ie} = 4 \text{ k}\Omega$, $R_L' = \dfrac{R_3 R_L}{R_3 + R_L} = 2.5 \text{ k}\Omega$ から
$A_V = \dfrac{V_o}{V_i} = \dfrac{R_L'}{h_{ie}} h_{fe} = 106$,
$G_V = 20 \log_{10} A_V = 40.5 \text{ dB}$, $Z_i = h_{ie} = 4 \text{ k}\Omega$, $Z_o = \infty$,
$R' = \dfrac{R_1 R_2}{R_1 + R_2} = 8.57 \text{ k}\Omega$ から
$Z_{i0} = \dfrac{Z_i R'}{Z_i + R'} = 2.73 \text{ k}\Omega$, $Z_{o0} = R_3 = 5 \text{ k}\Omega$

6 $f_{L1} = \dfrac{1}{2\pi C_1 Z_{i0}} = 5.83 \text{ Hz}$,
$f_{L2} = \dfrac{1}{2\pi C_2 (R_3 + R_L)} = 3.18 \text{ Hz}$,
$f_{ce} = \dfrac{h_{fe}}{2\pi C_E h_{ie}} = 135 \text{ Hz}$,
$f_L = f_{ce} = 135 \text{ Hz}$

7 (a) $I_B = \dfrac{E - V_{BE}}{R_1} = 11.2 \text{ μA}$ から
$I_C = h_{FE} I_B = 1.68 \text{ mA}$,
$V_{CE} = E - R_2 I_C = 1.94 \text{ V}$
(b) $I_C = \dfrac{h_{FE}(E - V_{BE})}{h_{FE} R_2 + R_1} = 1.33 \text{ mA}$,
$V_{CE} = E - R_2 I_C = 5.02 \text{ V}$
(c) $V_{R2} = \dfrac{R_2}{R_1 + R_2} E = 1.268 \text{ V}$ から
$I_C = \dfrac{V_{R2} - V_{BE}}{R_E} = 1.11 \text{ mA}$,
$V_{CE} = E - R_3 I_C - R_E I_C = 2.77 \text{ V}$

3章 いろいろな増幅回路

3.1節

問2 $A = \dfrac{A_0}{1 + \beta A_0} = 18$

問3 $R_L' = \dfrac{R_3 R_L}{R_3 + R_L} = 6 \text{ k}\Omega$ から
$A = \dfrac{R_L' h_{fe}}{h_{ie} + (1 + h_{fe}) R_{E1}} = 21.3$,
$Z_i = h_{ie} + (1 + h_{fe}) R_{E1} = 42.2 \text{ k}\Omega$ から
$Z_{i0} = \dfrac{1}{\dfrac{1}{R_1} + \dfrac{1}{R_2} + \dfrac{1}{Z_i}} = 20.7 \text{ k}\Omega$

問4 (1) $R' = \dfrac{1}{\dfrac{1}{R_2} + \dfrac{1}{R_3} + \dfrac{1}{R_4}} = 6.72 \text{ k}\Omega$,
$R_L' = \dfrac{R_5 R_L}{R_5 + R_L} = 4.29 \text{ k}\Omega$

(2) $A_1 = \dfrac{R_{L1}' h_{fe1}}{h_{ie1} + (1 + h_{fe1}) R_{E1}} = 4.69$,
$A_2 = \dfrac{R_L'}{h_{ie2}} h_{fe2} = 145.7$ から
$A_0 = A_1 A_2 = 683$

(3) $\beta = \dfrac{V_f}{V_o} = \dfrac{R_{E1}}{R_F + R_{E1}} = 0.012\,4$

(4) $A = \dfrac{A_0}{1 + \beta A_0} = 72.4$

3.2節

問5 $A_I = \dfrac{I_o}{I_i} \fallingdotseq \dfrac{h_{fe} I_b}{I_b} \fallingdotseq h_{fe}$, $A_P = A_V A_I \fallingdotseq 1 \times h_{fe} \fallingdotseq h_{fe}$

問6 $R_L' = \dfrac{R_E R_L}{R_E + R_L} = 1 \text{ k}\Omega$ から
$Z_i = h_{ie} + (1 + h_{fe}) R_L' = 193 \text{ k}\Omega$,
$Z_{i0} = \dfrac{R_1 Z_i}{R_1 + Z_i} = 171 \text{ k}\Omega$

問題の解答

問 7 $Z_o = \dfrac{h_{ie} + R_G}{1 + h_{fe}} = 71.8\ \Omega,\quad Z_{o0} = \dfrac{R_E Z_o}{R_E + Z_o} = 69.3\ \Omega$

3.3 節

問 8 $R_L' = \dfrac{R_{L1} h_{ie2}}{R_{L1} + h_{ie2}} = 4.128\ \text{k}\Omega,$

$A_{V1} = \dfrac{R_L'}{h_{ie1}} h_{fe1} = 27.8,\quad R_L'' = R_{L2} = 6\ \text{k}\Omega,$

$A_{V2} = \dfrac{R_L''}{h_{ie2}} h_{fe2} = 200$ から

$A_V = A_{V1} A_{V2} = 5\,560,\quad G_V = 20 \log_{10} A_V = 74.9\ \text{dB}$

章末問題

2 （1） $R_L' = \dfrac{R_2 R_L}{R_2 + R_L} = 6.667\ \text{k}\Omega$ から

$A_V = \dfrac{V_o}{V_i} = \dfrac{R_L' h_{fe}}{h_{ie} + (1 + h_{fe}) R_{E2}} = 24.9,$

$Z_i = h_{ie} + (1 + h_{fe}) R_{E2} = 32.2\ \text{k}\Omega$ から

$Z_{i0} = \dfrac{R_1 Z_i}{R_1 + Z_i} = 31.6\ \text{k}\Omega$

（2） $Z_{i0} = \dfrac{R_1 Z_i}{R_1 + Z_i} > 100\ \text{k}\Omega$ から $Z_i > 105.9\ \text{k}\Omega,$

$Z_i = h_{ie} + (1 + h_{fe}) R_{E2} > 105.9 \times 10^3$ から

$R_{E2} > 0.8091 \times 10^3$ なので,

$R_{E2} = 810\ \Omega,\quad R_{E1} = 390\ \Omega,\quad A_V = 7.55$

3 （1） $V_{R2} = R_2 I_{C1} = 11\ \text{V},$

$V_{RE1} = E - V_{R2} - V_{CE} = 0.5\ \text{V}$ から

$R_{E1} = \dfrac{V_{RE1}}{I_{C1}} = 1\ \text{k}\Omega$

$I_{B1} = \dfrac{I_{C1}}{h_{fe}} = 5.556\ \mu\text{A},$

$V_{R1} = E - V_{BE1} - V_{RE1} = 13.9\ \text{V}$ から

$R_1 = \dfrac{V_{R1}}{I_{B1}} = 2.50\ \text{M}\Omega$

（2） $R_{L1}' = \dfrac{1}{\dfrac{1}{R_2} + \dfrac{1}{R_3} + \dfrac{1}{R_4} + \dfrac{1}{h_{ie2}}} = 3.132\ \text{k}\Omega,$

$A_1 = \dfrac{V_o'}{V_i} = \dfrac{R_{L1}' h_{fe1}}{h_{ie1} + (1 + h_{fe1}) R_{E1}} = 2.737,$

$R_{L2}' = \dfrac{R_5 R_L}{R_5 + R_L} = 3.827\ \text{k}\Omega,$

$A_2 = \dfrac{R_{L2}'}{h_{ie2}} h_{fe2} = 62.19$ から $\dfrac{V_o}{V_i} = A_1 A_2 = 170$

（3） $\beta = \dfrac{A_0 - A}{A A_0} = 0.027\,46$ から

$R_F = \dfrac{R_{E1}}{\beta} - R_{E1} = 35.4\ \text{k}\Omega$

4 章　演算増幅器

4.1 節

問 1 $R_1 = 20\ \text{k}\Omega$ の場合：

$I_B = \dfrac{E - V_{BE}}{R_1 + 2 h_{FE} R_E} = 4.56\ \mu\text{A}$ から

$I_C = h_{FE} I_B = 0.685\ \text{mA}$

$R_1 = 100\ \text{k}\Omega$ の場合：

$I_B = \dfrac{E - V_{BE}}{R_1 + 2 h_{FE} R_E} = 4.39\ \mu\text{A}$ から

$I_C = h_{FE} I_B = 0.659\ \text{mA}$

問 2 $A_s = \dfrac{1}{2} h_{fe} \dfrac{R_3}{h_{ie}} = 70.6$

4.2 節

問 3 $-2\ \text{V}$

問 4 $A = -\dfrac{R_2}{R_1} = -10$

問 5 $A = 1 + \dfrac{R_2}{R_1} = 11$

問 6   （a） $A = 1 + \dfrac{R_2}{R_1} = 21$

（b） $A = -\dfrac{R_2}{R_1} = -20$

問 7 $R_2 = 667\ \Omega$

章末問題

2 $A_s = \dfrac{1}{2} h_{fe} \dfrac{R_3}{h_{ie}} = 36.4$

4 $A = 1 + \dfrac{R_2}{R_1} = 26$

5 $A = -\dfrac{R_2}{R_1} = -20$ から

$V_2 = A V_1 = -10\ \text{V}$

5 章　電力増幅・高周波増幅回路

5.1 節

問 1 $a = \sqrt{\dfrac{R'}{R}} = 5$

問 2 $R' = a^2 R = 64\ \Omega$

問 4 $R_L' = \dfrac{E^2}{2 P_{om}} = 72\ \Omega,\quad a = \sqrt{\dfrac{R_L'}{R_L}} = 3$

問 5   トランジスタ

問 6   （1） $P_{om} = \dfrac{E^2}{2 R_L'} = 0.96\ \text{W}$

（2） $P_{DC} = \dfrac{E^2}{R_L'} = 1.92\ \text{W}$

（3） $V_{CEm} = 2E = 48\ \text{V}$

（4） $I_{Cm} = \dfrac{2E}{R_L'} = 160\ \text{mA}$

（5） $P_{Cm} = 2 P_{om} = 1.92\ \text{W}$

5.2 節

問 8 $P_{om} = \dfrac{E^2}{2 R_L} = 9\ \text{W}$

問 9   （1） $P_{om} = \dfrac{E^2}{2 R_L} = 10.1\ \text{W}$

（2） $P_{DC} = \dfrac{2 E^2}{\pi R_L} = 12.9\ \text{W}$

（3） $V_{CEm} = 2E = 18\ \text{V}$

（4） $I_{Cm} = \dfrac{E}{R_L} = 2.25\ \text{A}$

269

（5）　$P_{Cm} = 0.203 \, P_{om} = 2.05$ W

5.3 節

問10　（1）　$f_0 = \dfrac{1}{2\pi\sqrt{LC}} = 404$ kHz

（2）　$Q = \dfrac{\omega_0 L}{r} = \dfrac{2\pi f_0 L}{r} = 42.6$ から

$B = \dfrac{f_0}{Q} = 9.48$ kHz

問11　$f_0 = \dfrac{1}{2\pi\sqrt{LC}} = 533$ kHz

章末問題

1　$R = \dfrac{R'}{a^2} = 7.5 \, \Omega$

2　$P_{DC} = \dfrac{E^2}{R_L'} = 2.53$ W，$P_{om} = \dfrac{E^2}{2R_L'} = 1.27$ W

3　$a = \sqrt{\dfrac{R_L'}{R_L}} = 1.73$

4　$P_{DC} = \dfrac{P_{om}}{\eta} = 24$ W，$P_{Cm} = 2P_{om} = 24$ W

5　$P_{om} = \dfrac{I_{Cm}}{\sqrt{2}} \times \dfrac{V_{CEm}}{\sqrt{2}} = 45$ W，$P_{DC} = \dfrac{P_{om}}{\eta} = 57.3$ W

6　$E = 18$ V

7　$P_{DC} = \dfrac{P_{om}}{\eta} = 15.3$ W，$P_{Cm} = 0.203 P_{om} = 2.44$ W

8　$B = \dfrac{f_0}{Q} = 6.96$ kHz

9　$f_0 = \dfrac{1}{2\pi\sqrt{LC}} = 453$ kHz，$B = \dfrac{f_0}{Q} = 8.31$ kHz

7章　発振回路

7.4 節

問3　$C = \dfrac{1}{2\pi\sqrt{6}\,Rf} = 0.0018 \, \mu$F

7.5 節

問5　$C_{V5} = 32$ pF

問6　$f = \dfrac{1}{2\pi\sqrt{LC_{V3}}} = 53$ MHz

章末問題

2　$\beta > 0.025$

4　$f = \dfrac{1}{2\pi\sqrt{L_1 C_3}} = 142$ kHz

5　$C_0 = \dfrac{C_1 C_2}{C_1 + C_2}$ から

$f = \dfrac{1}{2\pi\sqrt{L_1 C_0}} = 574$ kHz

6　$L_0 = L_1 + L_2 + 2M$ から

$f = \dfrac{1}{2\pi\sqrt{L_0 C_1}} = 218$ kHz

8章　パルス回路

8.1 節

問1　$T = 1.52$ ms

問2　$R_{B1} = 290$ kΩ，$R_{B2} = 580$ kΩ（R_{B1} と R_{B2} は逆でも可）

問3　$T = 2.2RC = 4.4 \, \mu$s，$f = \dfrac{1}{T} = 227$ kHz

章末問題

3　（a）と（g），（b）と（h），（c）と（e），（d）と（f）

5　$A = 2$ V，$T_w = 2$ s，$T = 4$ s，$f = \dfrac{1}{T} = 0.25$ Hz

9章　変調・復調回路

9.2 節

問1　$B = 2f_{sm} = 40$ kHz

問2　$f_{sm} = \dfrac{15 \times 10^3}{2} = 7.5$ kHz

問3　$m = \dfrac{A-B}{A+B} \times 100 = 25\%$

9.3 節

問6　$B = 2 \times (\Delta f + f_s \text{の最高値}) = 180$ kHz

章末問題

1　$B = 2f_{sm} = 90$ kHz

2　（1）　$f_{sm} = f_c - 980 = 20$ kHz

（2）　$f_{so} = f_c - 998.5 = 1.5$ kHz

（3）　$B = 40$ kHz

3　$m = \dfrac{V_{sm}}{V_{cm}} \times 100 = 15\%$

4　$B = 2 \times (\Delta f + f_s \text{の最高値}) = 130$ kHz

5　（a）ウ　（b）イ　（c）ア

10章　直流電源回路

10.1節

問 1 $\delta = \dfrac{V_0 - V_L}{V_L} \times 100 = 33.3\%$

問 2 $\gamma = \dfrac{\Delta V_{pp}}{V} = 2.7\%$

10.4節

問 3 $d = \dfrac{T_w}{T} = 0.25$, $V_{av} = V_m d = 1.5\text{ V}$

問 4 $R_4 = \dfrac{V_{ref}}{I} = 1\text{ kΩ}$

問 5 最大20個まで

章末問題

1 $V_{ab} = \sqrt{2}\,V_1 = 21.2\text{ V}$

2 $V_{cd} = V_D - V_{BE} = 6.1\text{ V}$

3 $P_D = 0.24\text{ W}$

5 $V_{av} = V_m \times \dfrac{T_w}{T} = 10\text{ V}$

6 $\gamma = \dfrac{\Delta V_{pp}}{V} \times 100 = 2.5\%$

索 引

あ

アクセプタ……………………… 7
アノード………………………… 10
安定化バイアス回路……………… 76

い

移相形発振回路………………… 188
位相条件………………………… 175
位相同期ループ発振回路……… 177
位相変調………………………… 222
イマジナリショート…………… 127
インピーダンス整合…………… 139

え

エミッタ………………………… 18
エミッタ共通接続……………… 18
エミッタ接地…………………… 19
エミッタホロワ………………… 108
演算増幅器……………………… 125
エンハンスメント形…………… 31

お

オフセットヌル………………… 129
オペアンプ……………………… 125

か

拡　散…………………………… 9
拡散電流………………………… 9
仮想短絡………………………… 127
下側波帯………………………… 226
カソード………………………… 10
価電子…………………………… 6
過変調…………………………… 227
可変容量ダイオード…………… 15
簡易等価回路…………………… 66
緩衝増幅器……………………… 112

き

帰　還…………………………… 97
逆相増幅回路…………………… 127
逆電圧…………………………… 11
逆電流…………………………… 11

逆方向…………………………… 10
逆方向電圧……………………… 11
逆方向電流……………………… 11
キャリヤ………………………… 6
共有結合………………………… 6
許容損失………………………… 12

く

空乏層…………………………… 9
クランプ回路…………………… 213
繰り返し周期…………………… 205
クリッパ回路…………………… 212
クリップポイント……………… 89
クロスオーバひずみ…………… 152

け

結合コンデンサ………………… 48
ゲート…………………………… 25

こ

高域遮断周波数………………… 84
高周波増幅回路………………… 156
降伏現象………………………… 11
降伏電圧………………………… 15
交流回路………………………… 49
交流負荷線……………………… 58
固定バイアス回路……………47, 76
コルピッツ発振回路…………… 180
コレクタ………………………… 18
コレクタ共通接続増幅回路…… 112
コレクタ遮断電流……………… 23
コレクタ出力容量……………… 156
コレクタ接地…………………… 19
コレクタ接地増幅回路………… 112
コレクタ損……………………… 21
コレクタ同調形発振回路……… 179
コンパレータ…………………… 131
コンプリメンタリ……………… 147

さ

最大周波数偏移………………… 234
最大出力………………………… 138
最大定格……………………12, 21

差動増幅回路…………………… 119
三端子レギュレータ…………… 251

し

自己バイアス回路……………… 77
遮断領域………………………… 21
集積回路………………………… 33
自由電子………………………… 6
周波数スペクトル……………… 226
周波数帯域幅…………………… 84
周波数特性……………………… 83
周波数変調……………………… 222
出力アドミタンス……………… 23
出力インピーダンス…………… 72
シュミット回路………………… 216
順電圧…………………………… 10
順電流…………………………… 10
順方向…………………………… 10
順方向電圧……………………… 10
順方向電流……………………… 10
衝撃係数………………………… 256
少数キャリヤ…………………… 7
上側波帯………………………… 226
シリーズレギュレータ………… 255
シンク電流……………………… 35
信号波…………………………… 222
真性半導体……………………… 6
振幅変調………………………… 222

す

水晶振動子……………………… 184
スイッチング…………………… 18
スイッチングレギュレータ…… 255
ストレート方式………………… 159
スライサ回路…………………… 215

せ

正　孔…………………………… 6
静特性…………………………… 20
整流回路………………………… 243
整流作用………………………… 10
積分回路………………………… 209
絶縁ゲート形…………………… 25

索 引

絶縁体·················· 5
絶縁破壊················ 11
接合形·················· 25
全波整流回路············ 243
占有周波数帯幅·········· 227

そ

相互コンダクタンス······· 29
増　幅·············· 18, 43
増幅度·················· 55
ソース·················· 25

た

ダイオード·············· 10
多数キャリヤ············· 7
ダーリントン接続········· 20
単結晶·················· 6

ち

チャネル················ 25
直接結合増幅回路········ 113
直線特性················ 89
直流回路················ 47
直流電流増幅率·········· 20
直流負荷線·············· 52
直結増幅回路············ 113

つ

ツェナーダイオード······· 14
ツェナー電圧············ 15

て

低域遮断周波数··········· 84
抵　抗··················· 5
抵抗率··················· 5
定電圧ダイオード········ 14
デシベル················ 60
デプレション形·········· 31
デューティ比··········· 256
電圧帰還バイアス回路···· 77
電圧帰還率·············· 23
電圧制御形·············· 25
電圧制御発振器······ 176, 190
電圧増幅度·············· 55
電圧変動率············· 246
電界効果トランジスタ···· 25
電源効率··············· 143
電流帰還バイアス回路···· 78
電流制御形·············· 25

電流増幅度·············· 55
電流増幅率·············· 23
電力効率··············· 143
電力増幅度·············· 55

と

トゥエルブナイン········· 6
等価回路················ 63
動作点·················· 53
同相増幅回路··········· 128
導　体··················· 5
同調回路··············· 156
同調周波数············· 156
ドナー··················· 7
トランジション周波数····· 88
トランジスタ············ 18
ドリフト················· 8
ドリフト電流············· 8
ドレーン················ 25

に

入出力特性·············· 88
入力インピーダンス···· 23, 71

ね

熱暴走················ 5, 75

の

ノイズマージン·········· 35
能動領域················ 21
ノーマリーオフ形········ 31
ノーマリーオン形········ 31

は

バイアス················ 47
バイアス回路············ 47
バイアス電圧············ 47
バイアス電流············ 47
バイパスコンデンサ······ 81
バイポーラトランジスタ·· 25
波形整形回路··········· 212
バーチャルショート····· 127
バックゲート············ 25
発光ダイオード·········· 16
発振の成長············· 176
バッファ··············· 112
ハートレー発振回路····· 182
バラクタダイオード······ 15
バリキャップ············ 15

パルス位相変調········· 224
パルス位置変調········· 224
パルス振幅変調········· 223
パルス幅変調··········· 223
パルス符号変調········· 224
パルス変調············· 223
搬送波················· 222
反転増幅回路··········· 127
半導体··················· 5
半波整流回路··········· 243

ひ

非安定マルチバイブレータ·· 201
比較回路··············· 131
光起電力効果············ 16
ピーククリッパ回路····· 212
比検波器··············· 236
ヒステリシス··········· 216
ひずみ率················ 90
非反転増幅回路········· 128
微分回路··············· 209
漂遊容量················ 88
ピンチオフ電圧·········· 27

ふ

ファンアウト············ 35
負帰還増幅回路·········· 97
復　調················· 221
不純物半導体············· 7
プッシュプル··········· 147
ブリーダ抵抗············ 79
ブリーダ電流バイアス回路·· 79
ブリッジ全波整流回路··· 244

へ

平滑回路··············· 243
平均整流電流············ 12
ベース·················· 18
ベースクリッパ回路····· 212
ベース接地·············· 19
変　調················· 221
変調指数··············· 234
変調度················· 227

ほ

包絡線················· 227
包絡線復調回路········· 230
飽和領域················ 21
ホトダイオード·········· 16

273

索　引

ホール ……………………………… 6

ゆ
ユニポーラトランジスタ ……… 25

り
利　得 ……………………………… 60
利得条件 ………………………… 175
利得帯域幅積 …………………… 88
リプル …………………………… 246
リプル百分率 …………………… 246
リミッタ回路 …………………… 214

れ
レーザダイオード ……………… 17

A
A級増幅 ………………………… 137
AM ………………………………… 222

B
B級増幅 ………………………… 147

C
C-MOS …………………………… 35

F
FET ………………………………… 25
FM ………………………………… 222

H
h定数 …………………………… 22
hパラメータ …………………… 22
　　――による等価回路 ……… 66

I
IC …………………………………… 33

L
LED ………………………………… 16

M
MOS形 …………………………… 25

N
n形半導体 ………………………… 7
nチャネル形 …………………… 25
NFB増幅回路 …………………… 97

O
OPアンプ ……………………… 125
OTL ……………………………… 147

P
p形半導体 ………………………… 7
pチャネル形 …………………… 25
PAM ……………………………… 223
PCM ……………………………… 224
PLL発振回路 …………………… 177
PM ………………………………… 222
pn接合 ……………………………… 9
PPM ……………………………… 224
PWM ……………………………… 223

S
S字特性 ………………………… 237

T
TTL ………………………………… 35

V
VCO ……………………………… 176

図でよくわかる電子回路

Ⓒ篠田, 田丸, 藤川, 木村, 鈴木, 水野, コロナ社　2015

2015 年 12 月 28 日　初版第 1 刷発行
2023 年 4 月 10 日　初版第 7 刷発行

| 検印省略 | 著作者 | 篠田　司夫
田丸　庄雅
藤川　孝郎
木村　圭一
鈴木　直恵
水野　樹介 |

発行者　株式会社　コロナ社
　　　　代表者　牛来真也
印刷所　新日本印刷株式会社
製本所　有限会社　愛千製本所

112-0011　東京都文京区千石 4-46-10
発行所　株式会社　コ ロ ナ 社
CORONA PUBLISHING CO., LTD.
Tokyo Japan
振替 00140-8-14844・電話(03)3941-3131(代)
ホームページ　https://www.coronasha.co.jp

ISBN 978-4-339-00881-4　C3055　Printed in Japan　　　　　（柏原）

JCOPY <出版者著作権管理機構 委託出版物>
本書の無断複製は著作権法上での例外を除き禁じられています。複製される場合は, そのつど事前に, 出版者著作権管理機構(電話 03-5244-5088, FAX 03-5244-5089, e-mail: info@jcopy.or.jp)の許諾を得てください。

本書のコピー, スキャン, デジタル化等の無断複製・転載は著作権法上での例外を除き禁じられています。
購入者以外の第三者による本書の電子データ化及び電子書籍化は, いかなる場合も認めていません。
落丁・乱丁はお取替えいたします。

電子情報通信レクチャーシリーズ

（各巻B5判，欠番は品切または未発行です）

■電子情報通信学会編

	配本順			頁	本体
		共　通			
A-1	(第30回)	電子情報通信と産業	西村吉雄著	272	4700円
A-2	(第14回)	電子情報通信技術史 ―おもに日本を中心としたマイルストーン―	「技術と歴史」研究会編	276	4700円
A-3	(第26回)	情報社会・セキュリティ・倫理	辻井重男著	172	3000円
A-5	(第6回)	情報リテラシーとプレゼンテーション	青木由直著	216	3400円
A-6	(第29回)	コンピュータの基礎	村岡洋一著	160	2800円
A-7	(第19回)	情報通信ネットワーク	水澤純一著	192	3000円
A-9	(第38回)	電子物性とデバイス	益川　一哉 天川　修平 共著	244	4200円
		基　礎			
B-5	(第33回)	論理回路	安浦寛人著	140	2400円
B-6	(第9回)	オートマトン・言語と計算理論	岩間一雄著	186	3000円
B-7	(第40回)	コンピュータプログラミング ―Pythonでアルゴリズムを実装しながら問題解決を行う―	富樫敦著	208	3300円
B-8	(第35回)	データ構造とアルゴリズム	岩沼宏治他著	208	3300円
B-9	(第36回)	ネットワーク工学	田中敬介 村野正和 仙石裕 共著	156	2700円
B-10	(第1回)	電磁気学	後藤尚久著	186	2900円
B-11	(第20回)	基礎電子物性工学 ―量子力学の基本と応用―	阿部正紀著	154	2700円
B-12	(第4回)	波動解析基礎	小柴正則著	162	2600円
B-13	(第2回)	電磁気計測	岩﨑俊著	182	2900円
		基　盤			
C-1	(第13回)	情報・符号・暗号の理論	今井秀樹著	220	3500円
C-3	(第25回)	電子回路	関根慶太郎著	190	3300円
C-4	(第21回)	数理計画法	山下信雄 福島雅夫 共著	192	3000円

配本順			頁	本体
C-6 (第17回)	インターネット工学	後藤滋樹／外山勝保 共著	162	2800円
C-7 (第3回)	画像・メディア工学	吹抜敬彦 著	182	2900円
C-8 (第32回)	音声・言語処理	広瀬啓吉 著	140	2400円
C-9 (第11回)	コンピュータアーキテクチャ	坂井修一 著	158	2700円
C-13 (第31回)	集積回路設計	浅田邦博 著	208	3600円
C-14 (第27回)	電子デバイス	和保孝夫 著	198	3200円
C-15 (第8回)	光・電磁波工学	鹿子嶋憲一 著	200	3300円
C-16 (第28回)	電子物性工学	奥村次徳 著	160	2800円

展開

			頁	本体
D-3 (第22回)	非線形理論	香田徹 著	208	3600円
D-5 (第23回)	モバイルコミュニケーション	中川正雄／大槻知明 共著	176	3000円
D-8 (第12回)	現代暗号の基礎数理	黒澤馨／尾形わかは 共著	198	3100円
D-11 (第18回)	結像光学の基礎	本田捷夫 著	174	3000円
D-14 (第5回)	並列分散処理	谷口秀夫 著	148	2300円
D-15 (第37回)	電波システム工学	唐沢好男／藤井威生 共著	228	3900円
D-16 (第39回)	電磁環境工学	徳田正満 著	206	3600円
D-17 (第16回)	VLSI工学 —基礎・設計編—	岩田穆 著	182	3100円
D-18 (第10回)	超高速エレクトロニクス	中村徹／三島友義 共著	158	2600円
D-23 (第24回)	バイオ情報学 —パーソナルゲノム解析から生体シミュレーションまで—	小長谷明彦 著	172	3000円
D-24 (第7回)	脳工学	武田常広 著	240	3800円
D-25 (第34回)	福祉工学の基礎	伊福部達 著	236	4100円
D-27 (第15回)	VLSI工学 —製造プロセス編—	角南英夫 著	204	3300円

定価は本体価格+税です。
定価は変更されることがありますのでご了承下さい。

図書目録進呈◆

電気・電子系教科書シリーズ

（各巻A5判）

- ■編集委員長　高橋　寛
- ■幹　　事　湯田幸八
- ■編集委員　江間　敏・竹下鉄夫・多田泰芳
　　　　　　　中澤達夫・西山明彦

配本順		書名	著者	頁	本体
1.	(16回)	電気基礎	柴田尚志・皆藤新泰・田中尚芳 共著	252	3000円
2.	(14回)	電磁気学	多田泰芳・柴田尚志 共著	304	3600円
3.	(21回)	電気回路Ⅰ	柴田尚志 著	248	3000円
4.	(3回)	電気回路Ⅱ	遠藤　勲・鈴木靖・吉澤昌純 編著	208	2600円
5.	(29回)	電気・電子計測工学(改訂版)　—新SI対応—	吉澤昌純・降矢典恵・福田拓巳・吉村和昭・高山之彦 共著	222	2800円
6.	(8回)	制御工学	西村西平・下奥二・青木鎮・堀立幸 共著	216	2600円
7.	(18回)	ディジタル制御	青西俊幸 共著	202	2500円
8.	(25回)	ロボット工学	白水俊次 著	240	3000円
9.	(1回)	電子工学基礎	中澤達夫・藤原勝幸 共著	174	2200円
10.	(6回)	半導体工学	渡辺英夫 著	160	2000円
11.	(15回)	電気・電子材料	中澤・服部 他 共著	208	2500円
12.	(13回)	電子回路	押山・須田・森田健英充弘二 共著	238	2800円
13.	(2回)	ディジタル回路	伊若海吉室原澤賀下山昌進博夫純也巌 共著	240	2800円
14.	(11回)	情報リテラシー入門		176	2200円
15.	(19回)	C++プログラミング入門	湯田幸八 著	256	2800円
16.	(22回)	マイクロコンピュータ制御プログラミング入門	柚賀正光千代谷慶 共著	244	3000円
17.	(17回)	計算機システム(改訂版)	春日泉田舘原雄治健幸八 共著	240	2800円
18.	(10回)	アルゴリズムとデータ構造	湯伊田前原江田谷橋甲間充邦敏勲 共著	252	3000円
19.	(7回)	電気機器工学		222	2700円
20.	(31回)	パワーエレクトロニクス(改訂版)		232	2600円
21.	(28回)	電力工学(改訂版)	江甲三吉間斐木川隆成英鉄夫彦機 共著	296	3000円
22.	(30回)	情報理論(改訂版)		214	2600円
23.	(26回)	通信工学	吉竹下田豊克幸稔正久 共著	198	2500円
24.	(24回)	電波工学	松宮南田原田裕唯正史夫志 共著	238	2800円
25.	(23回)	情報通信システム(改訂版)	桑岡植松原月孝充 共著	206	2500円
26.	(20回)	高電圧工学		216	2800円

定価は本体価格+税です。
定価は変更されることがありますのでご了承下さい。

図書目録進呈◆